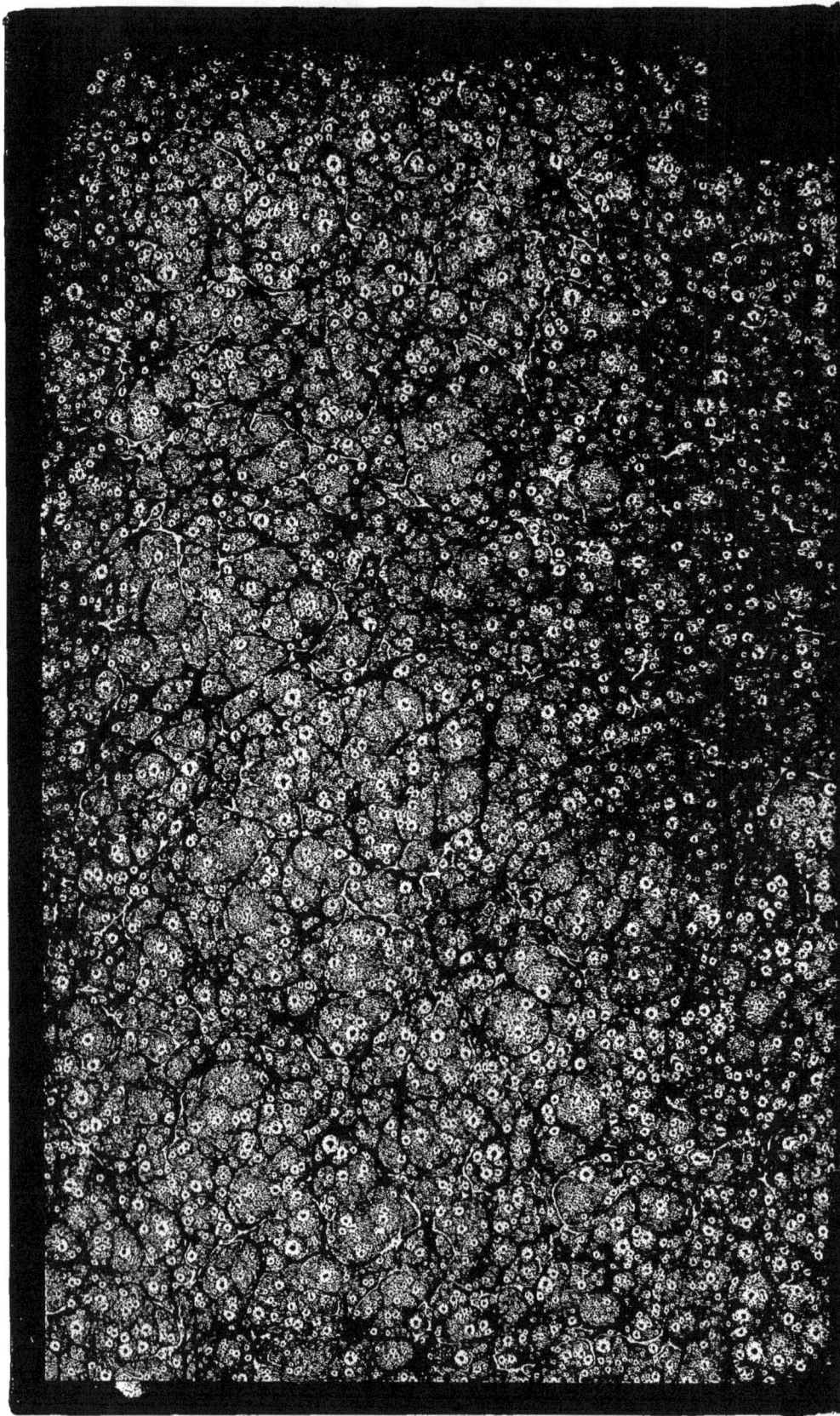

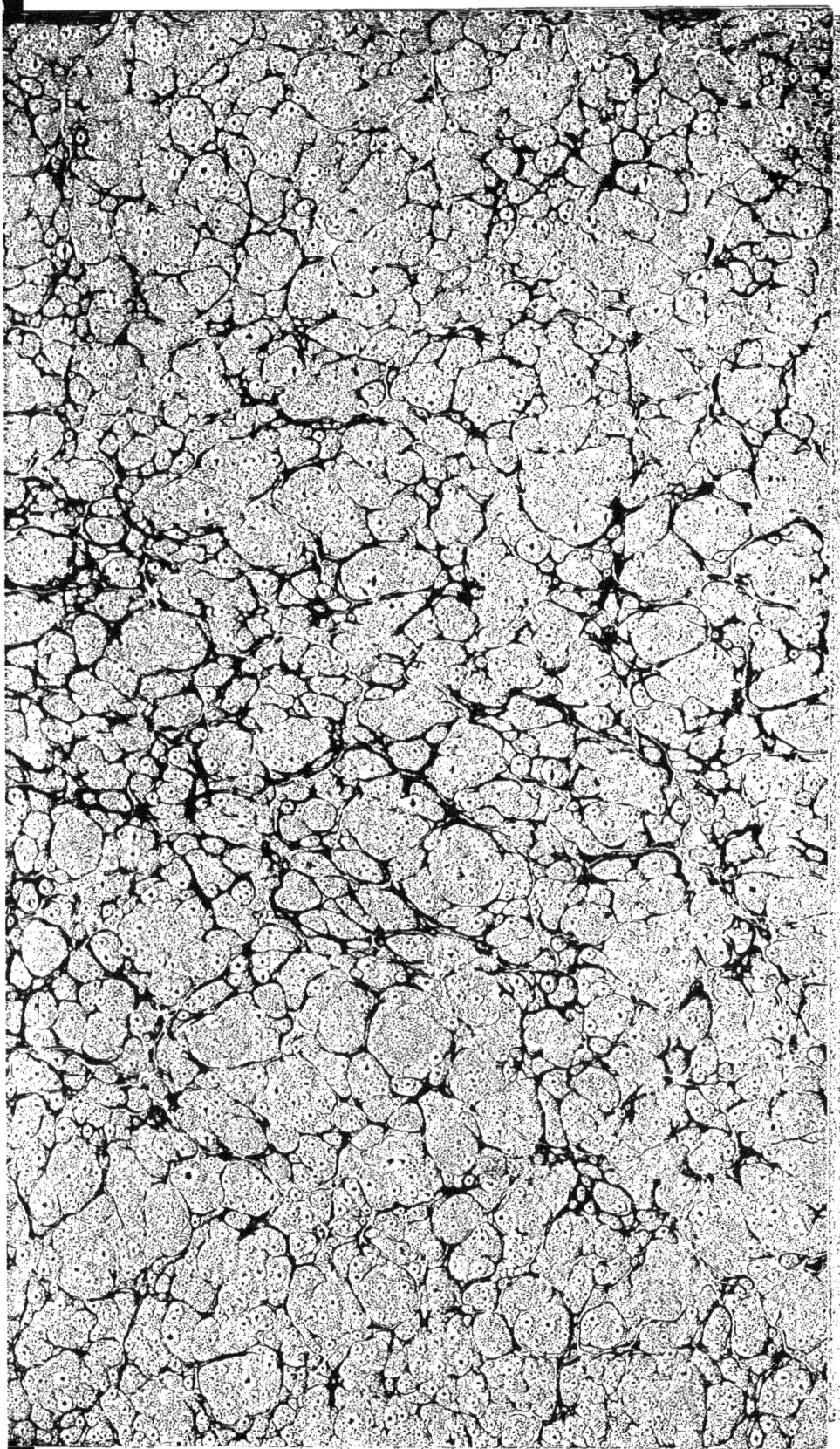

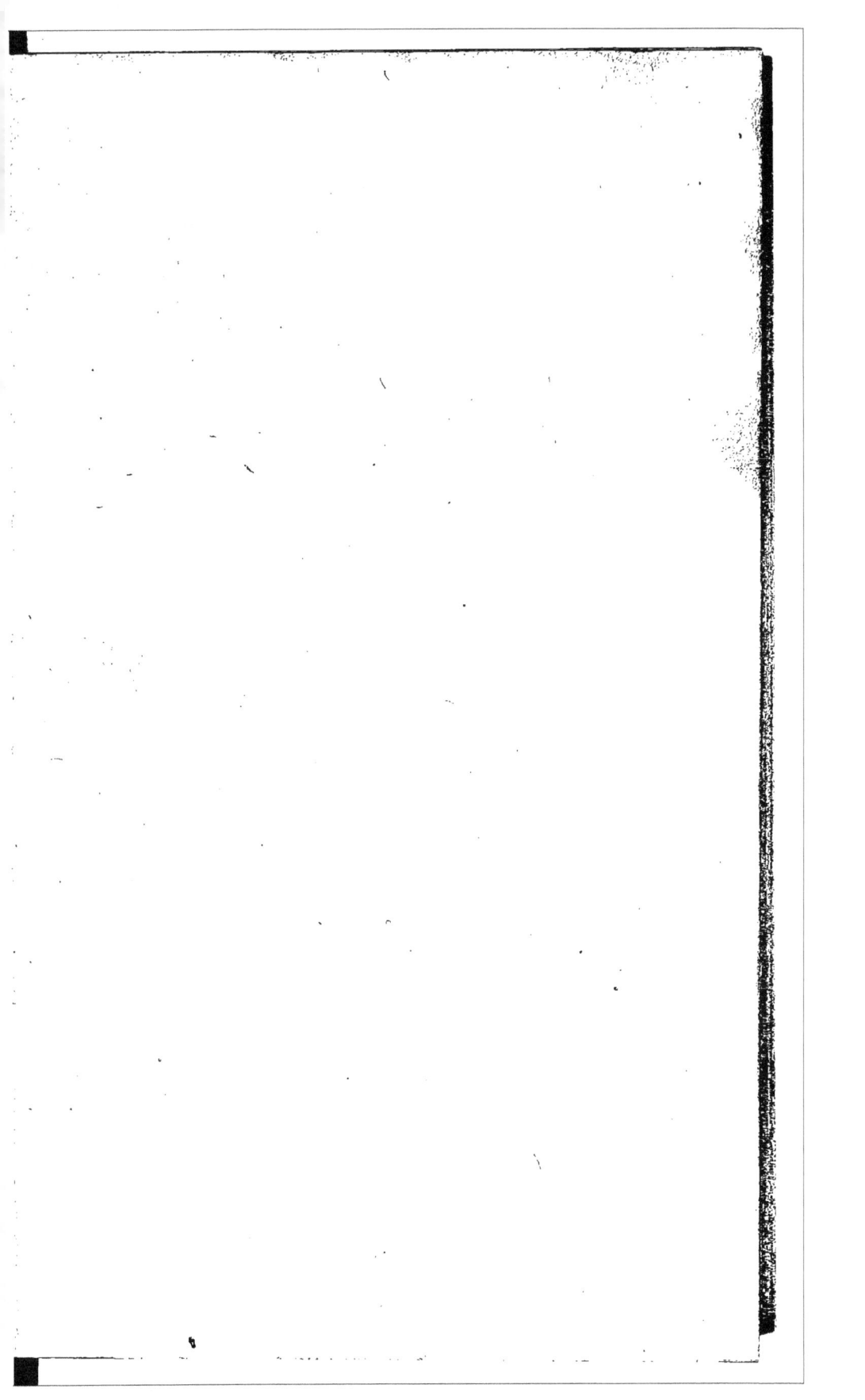

34134

MANUEL

DE

L'APPRENTI HORLOGER.

MANUEL

DE

L'APPRENTI HORLOGER

EN PROVINCE;

OUVRAGE ÉLÉMENTAIRE À L'USAGE DES AMATEURS ET
APPRENTIS QUI CULTIVENT CET ART :

Par J.-J.-M. AYASSE, Horloger, à Angers.

ANGERS,

L. PAVIE, IMPRIMEUR DU ROI ET DE M. LE PRÉFET.

1824.

MANUEL

ANGERS,

MA MÈRE,

C'est à votre amour, c'est à vos soins mille fois répétés, que je dois ma profession ; à vous qui la première daignâtes conduire ma lime et mon burin, former mon jugement et encourager mes premiers travaux ; à vous qui rivalisiez avec les premiers maîtres.

Par combien de titres vous avez droit à ma gratitude, vous qui m'avez mis à même d'admirer en vous la bonne mère et l'artiste distingué ! Souffrez que je m'acquitte d'une dette sacrée, en vous offrant ce Livre qui n'est autre chose que ces mêmes principes, fruits de votre discernement et de votre longue expérience,

auxquels je dois aujourd'hui tout mon talent;
et que je vous renouvelle les sentimens d'affec-
tion et de reconnaissance d'un tendre fils :

J.-J.-M. AYASSE.

PRÉFACE.

Un Ouvrage élémentaire manquait à l'Horlogerie. L'apprenti, obligé d'avoir recours aux conseils d'un maître que sa mémoire mettait souvent en défaut, courait les risques d'être sans cesse induit en erreur; ce n'est qu'après avoir essuyé tous ces caprices et fait bien des essais, qu'il parvenait à fixer ses idées; mais bientôt forcé de changer de maître, ce n'était plus la même méthode, et il retombait dans l'incertitude. On peut juger quel embarras c'était pour lui, quels dégoûts il ne devait pas ressentir pour sa profession. Du côté du maître, les inconvéniens n'étaient pas moins grands : chaque fois qu'il se présentait un apprenti, c'étaient de nouvelles études à faire. Que de peines, que de patience il fallait avoir pour lui faire entendre ce qu'offert à sa méditation, il eût conçu de suite ! Ces considérations et beaucoup d'autres m'ont déterminé à publier cet Ouvrage.

Je préviens les amateurs et apprentis que ce ne sont point de nouveaux principes que je leur donne, mais ceux qui sont adoptés par tous les bons Horlogers anciens et modernes.

Je commence par leur enseigner le nom des matières qu'ils doivent employer, la manière de les préparer, le nom, l'usage des outils, et à faire ceux qu'ils doivent savoir fabriquer. Lorsque l'apprenti a été suffisamment exercé à ces sortes d'ouvrages et à ceux dont l'unique but est de lui former la main, et de lui apprendre à limer et à tourner, je lui montre à tracer le plan et à faire successivement toutes les pièces d'une montre, à les monter et à les démonter; enfin je termine par les raccommodages auxquels il ne saurait trop s'appliquer.

Mon intention, comme je l'ai dit plus haut, n'est que de donner un traité élémentaire; ceux des amateurs et apprentis qui voudront faire une étude plus approfondie de l'Horlogerie, pourront se procurer les ouvrages de MM. Bertoud et Lepaute, qui ont savamment écrit sur cet art.

MANUEL

DE

L'APPRENTI HORLOGER

EN PROVINCE.

DE L'APPRENTI HORLOGER.

Cet Art si différent de tous les autres, par la délicatesse, la légèreté et les proportions de toutes les pièces qui concourent à la bonté d'une Montre, n'admet pas indifféremment tout le monde dans ses secrets ; tous n'ont pas également cet esprit de justesse de combinaison propre à établir l'équilibre de force de rotation, qui constitue la régularité, et par conséquent la perfection. Pour parvenir à ce but, on sent combien il faut de temps et d'étude ; aussi est-il nécessaire que l'apprentissage commence à l'âge de l'adolescence, et plutôt s'il se peut. Quelques connaissances des mathématiques, et principalement de la mécanique, seraient d'une grande utilité; mais un apprenti n'a pas toujours l'avantage et le temps de se livrer à cette étude. Il est cependant à présumer qu'il sait lire, écrire et surtout qu'il possède l'arithmétique. Cet Art exige aussi des qualités morales : l'amour du travail, l'assiduité et surtout la sobriété qui entretient notre imagination dans toute sa liberté, et qui nous rend capables d'une application soutenue et de la réflexion nécessaire qui aide au développement de nos idées. Que l'apprenti évite avec soin la débauche et l'ivrognerie, vices déshonorans par eux-mêmes, qui détruisent nos facultés, nuisent à la vue, si utile dans cet Art, et attaquent les nerfs, d'où proviennent les tremblemens qui ôtent au poignet cette assurance sans laquelle il ne peut manier, ni placer avec adresse cette infinité de petites pièces délicates, qui entrent dans la confection d'une Montre.

L'apprentissage, disons-nous, doit commencer de bonne heure, parce que sa durée étant ordinairement de six ans, il serait à craindre que l'enfant trop avancé en âge, ne prît du dégoût, en mesurant le long intervalle qui lui reste à parcourir, avant de se trouver en état de tirer

quelques bénéfices de ses travaux. D'ailleurs, plus
il sera jeune, plus son esprit sera flexible, et
plus il sera docile pour sentir et retenir les principes qu'on lui détaillera. Les premières impres-
sions que nous recevons, bonnes ou mauvaises,
se gravent très-profondément, et pour la plupart
finissent par se changer en habitude. Il faut aussi
que l'apprenti s'accoutume de bonne heure à un
esprit d'ordre nécessaire dans toutes les profes-
sions, mais encore plus dans celle-ci, à cause
du grand nombre et de la délicatesse des pièces
que l'on emploie, de la variété de leur calibre,
qui demandent que chacune d'elles soit classée
séparément, si l'on veut éviter la confusion, qui
fait perdre un temps précieux, pour mettre la
main sur celles qui sont propres au genre de
travail auquel on est occupé. De cette confusion, il peut résulter que l'ouvrier impatient, et
peu jaloux de la gloire de donner un bon ouvrage
au public, prenne la première pièce qui lui paraît
à peu près convenable. De là viennent ces irrégularités dans les Montres, dont les variations
continuelles pourraient être évitées, en examinant
attentivement si chaque pièce est en proportion
avec les autres. Le même ordre doit régner pour
les outils, afin que l'on puisse trouver sous la
main celui qui est propre à chaque opération.
Le calcul, comme nous l'avons dit, est de la

première nécessité pour l'apprenti ; c'est par lui qu'il saura adapter à un nombre de roues dentelées, un pignon ou axe, aussi dentelé, qui doit correspondre et former un rouage, qui, par le moyen d'un moteur, soit poids ou ressort, est mis en mouvement, et devient régulier par le moyen d'un échappement convenable.

Mais si le défaut d'application s'oppose aux progrès de l'apprenti, un excès d'application peut lui devenir également nuisible. Il doit prendre garde d'embrasser trop de détails à la fois. Il est donc de la plus grande utilité qu'il mette un frein à son ardeur, et qu'il ne passe à une difficulté, que quand il est parvenu à vaincre celle qui la précède, et qui, presque toujours, est la clef de celle qui la suit. Que l'ouvrier comme l'apprenti, jouissent donc des heures de leur repas ; que cet intervalle, qui est de deux heures dans la journée, serve à donner quelque délassement à l'imagination, à réparer leurs forces et à ranimer leur esprit, à l'aide de la bonne qualité des alimens dont ils se nourrissent.

DES DEVOIRS DE L'APPRENTI.

Les premiers devoirs de l'apprenti sont la propreté et l'ordre. Il doit avoir grand soin de ses outils, et de leur désigner une place où il puisse les trouver à volonté, et où il aura soin de les remettre dès qu'il s'en sera servi. Il tiendra son établi toujours dans cet état de propreté, qui, en flattant l'œil, dénote l'amour du travail. Cet esprit d'ordre et de propreté doit régner jusque dans ses vêtemens, dont il éloignera le luxe, les modes nouvelles qui annoncent la fatuité et la fadeur de leurs amateurs. Il doit joindre à cela une grande attention pour celui qui est chargé de l'instruire, et surtout cette docilité d'esprit qui plaît toujours et qui contribue si puissamment à nos progrès. Si à ces deux qualités il joint ces prévenances, ces petits soins qui nous concilient les cœurs, il excitera de plus en plus l'intérêt de celui qui est chargé de l'instruire ; et chaque ouvrier de son atelier, charmé de son amabilité, s'empressera de coopérer à son avancement. Son zèle pour les intérêts de son bourgeois, doit s'étendre à tout ce qui est de son ressort : empressement, honnêteté envers les pratiques, exactitude et diligence dans les commissions relatives à son état, dont on le charge ; et il achevera de donner la meilleure opinion de lui, si, après avoir montré dans son atelier l'esprit d'ordre que nous lui prescrivons, sa conduite y répond, c'est-à-dire, s'il entre aux heures fixées dans l'atelier, et si à l'exemple des autres ouvriers il est rendu dans sa chambre à l'heure habituelle.

Les Fêtes et Dimanches, l'apprenti doit garder la boutique jusqu'à deux heures de l'après dîner ; il a le reste de la soirée pour prendre quelque délassement : mais il doit rentrer à l'heure du souper, ou au moins à celle du coucher. Il est aussi tenu d'ouvrir et de fermer la boutique.

DES PREMIERS TRAVAUX DE L'APPRENTI.

On pourra occuper l'apprenti à faire des chevilles de garais, qu'il doit parfaitement savoir faire, comme étant d'une très-grande utilité dans l'Horlogerie, et dont l'emploi se répète souvent. Il les coupera de trois pouces, longueur convenable ; il les fendra et les arrondira, en se modelant sur celles que l'on aura faites en sa présence.

Lorsqu'il en aura fait une quantité suffisante pour les besoins de la boutique, il aura soin de les ramasser et de les mettre en place ; il nétoiera son établi et la boutique, pour en enlever les copeaux que ce travail occasionne ; il apprêtera ensuite un ou deux bois à limer ; il emploiera le buis pour cet usage, en s'en procurant un ou deux morceaux de trois pouces de longueur chacun ; il les équarrira avec un couteau, à la largeur d'un pouce ; il les dressera ensuite avec une lime rude, à laquelle il en substituera une plus douce, et terminera par faire les coches nécessaires. Mais avant de se livrer à cette opération, il est utile qu'il sache tenir la lime et la diriger. Après avoir fixé à son étau la pièce qu'il veut limer, en observant qu'elle doit en déborder les mâchoires, afin de ne pas endommager la lime, il prendra le manche de cet instrument de la main droite, avec les trois derniers doigts et le pouce ; le premier doigt allongé en crochet sera appuyé sur la lime, pour la pousser et tirer à soi, tour-à-tour. De la main gauche il la pincera par le bout, avec les deux premiers doigts en dessous et le pouce par-dessus : ce qui sert à la diriger. La lime ainsi tenue, il l'appliquera sur la pièce qu'il veut limer, en appuyant dessus de la main droite ; il la poussera dans toute sa longueur, en la dirigeant de la main gauche, de manière qu'elle parcoure une ligne droite : il s'habituera ainsi à bien dresser plat. Il prendra garde, en retirant sa lime, d'effleurer à peine la pièce ; sans cette précaution il gâterait l'ouvrage et l'outil.

Après cet exercice, où il a déjà commencé à apprendre à tenir sa lime, on lui fera limer quelques morceaux de fer, en lui enseignant la manière de les bien équarrir, en leur donnant une égale largeur sur chaque face, et dans toute leur longueur ; on veillera à ce qu'il tienne toujours bien sa lime de la manière indiquée ; c'est ainsi qu'il parviendra à bien limer plat.

Une fois arrivé à ce point, il mettra sa pièce à huit pans, qui doivent être également de la même largeur dans toute leur longueur ; son succès dans cette seconde opération le conduira à mettre la pièce à seize pans, avec des faces égales, et il n'aura plus qu'à en faire disparaître les petits angles, pour avoir une pièce ronde. Ce travail, en Horlogerie, est bien utile, attendu que les pièces à ouvrer sont presque toutes carrées.

DES FORETS.

L'apprenti bien instruit dans la manière de diriger sa lime, doit apprendre à faire les forets, dont l'emploi est très-fréquent dans l'Horlogerie. Ce genre d'outil étant en outre sujet à se casser, il a besoin de savoir le raccommoder. Pour la fabrication de cet outil, on peut employer l'acier de quelques bonnes limes carrelettes, usées, que l'on fait recuire, en faisant bien rougir l'acier au feu, et le laissant refroidir sur la cendre tiède ; on le fait ensuite forger carré, pour qu'il soit plus sain et moins pailleux. En le forgeant dans cette forme, on donnera aux carrés diverses grosseurs, d'une à deux lignes, pour en avoir de force différente. Etant ainsi forgés et recuits, ces petits morceaux d'acier sont propres à faire des forets. L'apprenti les coupera de longueur, et redressera chaque bout ou tige au marteau ; il fixera ensuite chaque pièce à l'étau, pour la rendre carrée à la lime, dans toute sa longueur, en observant qu'un bout doit être de moitié plus mince que l'autre : c'est-à-dire, qu'il doit ressembler à un écarissoir un peu en cheville ; il lime ensuite cette pièce à huit pans, et puis à seize, l'arrondit et la lime de long.

Pour tirer de long on saisit cette pièce par le gros bout, avec une tenaille à vis ou à boucles, dite à coulisses, que l'on tient de la main gauche. On applique la pièce sur une des grosses coches du bois à limer, que l'on a placé dans l'étau. De la main droite on prend une lime douce, carrelette, propre à l'acier ; on la presse sur les côtés, près du manche, avec le premier doigt et le pouce : le manche étant au-dessus de la main, la taille s'applique à plat sur la pièce ; on fait aller cette lime de gauche à droite et de droite à gauche, en se gardant de la pousser en avant ni de la tirer en arrière. On continue cette opération jusqu'à ce que cette pièce soit tellement polie, que les traces de la première lime soient disparues. On garnit ensuite le milieu de la pièce avec une carte, pour ne point la mâcher ; on la saisit et on la pousse dans cet endroit avec le milieu de la tenaille à vis ou l'étau à main, ce qui est la même chose ; le gros bout de la pièce est en dehors ; il s'applique sur une coche du bois à limer, qui convient le plus à son calibre ; on le lime un peu en cheville, dans la longueur d'un pouce, et à huit pans seulement ; on tire ensuite de long, selon le procédé déjà indiqué, en observant de tenir le tigeron bien au centre de sa pièce. Après cette préparation, on fait une pointe bien centrée, au bout de ce tigeron, ce qui le

rend propre à recevoir le cuivrot que l'on y
ajuste, de manière qu'après y avoir été chassé,
il ne déborde le cuivrot que d'environ trois
lignes, sans y comprendre la pointe : cette distance est de rigueur; car, si le tigeron était plus
en avant, le foret fouetterait et finirait par se
casser. Dès qu'il est monté de son cuivrot, il
ne reste plus, pour le finir, que d'en préparer
la tige à mèche : ce qui s'opère en plaçant le
tigeron du foret dans une pince à boucle, du côté
du cuivrot, qui doit y tenir chassé, fixe et bien
serré. Le foret ainsi tenu de la main gauche, on
applique le bout de la longue tige sur le bois à
limer, et de la droite, avec une lime demi-rude,
et destinée pour l'acier, on diminue le bout de
cette longue tige dans la longueur de douze à
quinze lignes, un peu en cheville, pour le réduire à la grosseur proportionnée à la largeur
que l'on veut donner au foret; car une grande
mèche doit avoir le corps du tigeron plus gros
que celui d'une petite, et la mèche doit avoir le
double de largeur du tigeron, afin qu'elle ne s'en-
gage pas en perçant des trous. En dégageant le
tigeron, on aura l'attention de le tenir droit au
centre de sa tige, afin de l'empêcher de fouetter,
ce qui ferait engager ou casser la mèche.

Le foret dans cet état n'a plus besoin que de

sa mèche, qui se fait ainsi : on tient ferme le foret par le cuivrot, avec le bout des deux premiers doigts et le pouce de la main gauche; on applique l'extrémité du tigeron de la longue tige, que l'on couche presque à plat sur le bord du tasseau de l'étau, où il ne doit porter que du bout piquant. De la main droite, avec un marteau moyen, on frappe le bout du foret, jusqu'à ce qu'il soit réduit à environ la moitié de son épaisseur; il faut ensuite retourner la mèche sur le tasseau, pour la frapper sur l'autre côté, afin de la bien centrer et de la réduire à l'épaisseur du tiers du tigeron ; par ce moyen elle est moins sujette à s'engager, et elle percera plus promptement quand elle sera affûtée.

Comme il y a des forets de deux sortes, quoique de plusieurs grosseurs, il est bon d'en connaître les propriétés. Les forets à mèches rondes servent à percer l'acier, le cuivre rouge, l'or, l'argent et autres matières grasses, en y mettant de l'huile d'olive. En terme d'Horlogerie, la forme des mèches leur a fait donner le nom de *langues de carpes*. Les mèches de forets, propres à percer le cuivre jaune, l'os, l'ivoire et le bois, se nomment *langues d'aspic;* elles ont la forme pointue à leur centre, qui est ménagé par deux petits biseaux obliques, de chaque côté de la mèche, ce qui

la rend tranchante et susceptible de percer centriquement.

L'outil étant au point, on allume une chandelle
dont la mèche est un peu grosse ; on prend le
foret de la main gauche, par le cuivrot ; on en
baisse la pointe qu'on approche de la chandelle à
un demi-pouce à côté de la flamme ; et de la main
droite, on soutient un chalumeau de fer ou de
cuivre, que l'on met dans la bouche, par un
bout ; l'autre est placé dans le milieu de la flamme,
que l'on souffle sur la mèche jusqu'à ce qu'elle
soit rouge ; alors on la plonge promptement dans
le corps de la chandelle, ce qui la trempe parfaitement. La bonté de cette trempe se connaît
lorsque la mèche est blanche ; on achève ensuite
de la dérocher ou blanchir, c'est-à-dire, que l'on
ôte la paille noire qui tient à la mèche, par le
moyen d'une pierre ponce avec un peu de salive
dont on frotte la mèche. La tige se place de suite
sur la flamme, que la mèche du foret déborde
d'environ un demi-pouce ; on chauffe cette tige
jusqu'à ce qu'elle ait pris la couleur paille, pour
les forets destinés à l'acier, et on lui laisse prendre
la couleur brune, c'est-à-dire, un peu plus
foncée, pour les forets propres au cuivre ; et dès
qu'ils ont acquis cette couleur, on les trempe de
suite dans le suif, d'après la méthode indiquée.

Il faut être habile à saisir ce degré de couleur, qu'un instant de plus ou de moins d'exposition au feu, peut rendre plus ou moins foncé : ce qui fait un disparate dans l'outil, et annonce l'ignorance ou la négligence de l'ouvrier. La mèche ainsi préparée, n'a plus besoin que d'être affûtée ; on se sert pour cette opération, de la pierre dite *du levant*, nommée aussi *pierre à l'huile*, à cause de la propriété singulière qu'elle a de s'imbiber de ce fluide. La mèche, après avoir été préparée avec cette pierre, est en état de servir.

On a commencé à exercer l'apprenti horloger à limer le fer, pour plusieurs raisons, ne sachant pas manier la lime ni la diriger ; on ne peut pas lui en confier de bien bonnes, attendu qu'il peut les laisser glisser sur l'étau, autant par maladresse que par négligence, ce qui ruine la lime sans ressource.

Le fer étant d'abord le moins cher et le moins précieux des métaux, peut être sacrifié pour l'exercer : en outre, cet exercice offre toujours quelques avantages. Il peut limer des pointes pour accrocher des outils, ainsi que des limes en fer de diverses grandeurs, qui lui seront nécessaires par la suite, et des outils à face ou autres qui servent à lui apprendre à limer ; mais, dès qu'il peut commencer à tenir et diriger sa lime, faites-

lui tailler et limer une certaine quantité de forets ;
vous l'habituerez à ce genre de travail, où il a
besoin d'être particulièrement exercé, attendu le
fréquent usage que l'on fait de ces outils et leur
fragilité naturelle, qui exige de fréquens rempla-
cemens.

DES ARCHERS.

Pour faire mouvoir les forets, on se sert d'archers dont la grandeur est proportionnée à leur
force ; c'est encore un instrument que l'apprenti
doit apprendre à faire. Ces archers sont de baleine ; les grands sont de dix-huit à vingt pouces.
On racle cette baleine avec un couteau, de manière qu'elle soit moins grosse de moitié, aux
petits bouts qu'à la poignée. On perce un trou
à demi-pouce du gros bout que l'on y a ménagé,
dans lequel on fait passer une corde à boyau,
dont la grosseur sera proportionnée à la force
que doit avoir l'archer. On pelotonne cette corde
autour de la poignée ; on la serre et on la conso-
lide par un ou deux nœuds coulans, après avoir
réservé une longueur égale à celle de l'archer.
On fait à l'extrémité de cette corde un petit anneau, qui s'attache à une coche, faite à environ

trois lignes du petit bout de l'archer. Cette corde
se trouve tendue de manière que l'archer se ploie
en forme d'arc ; ainsi, le point principal dans
la composition de l'archer, est d'y adapter une
corde selon sa longueur. On emploie le crin pour
les plus petits.

DES CUIVROTS OU PETITES POULIES.

Les cuivrots ou petites poulies servent à mettre
la corde de l'archer, autour duquel on lui fait
faire un tour. Ce cuivrot étant d'une utilité indispensable, il faut que l'ouvrier sache le faire;
c'est alors qu'on lui confie des limes neuves, qui
doivent être employées pour le cuivre, avant de
servir à l'acier, leur dernière ressource.

Le cuivrot se taille sur des tiges rondes de
cuivre jaune, à peu près de la grosseur du doigt.
Ce cuivre se trouve chez les fondeurs. On en
coupe avec une scie, des bouts de quatre, cinq
et six lignes, selon la grandeur de l'outil auquel
ils doivent être adaptés. Ces cuivrots doivent être
sciés droits ; on les ébarbe et on achève de les
dresser à la lime.

Le cuivrot se forge à froid, comme toutes

les pièces de cuivre jaune ; car , en le forgeant à chaud , il crève , et il n'est plus en état de servir. Pour le forger à froid , il faut le placer sur un tasseau plat , ou sur la partie plate d'une enclume ; on ne frappe point trop fort , et on a soin de le tenir d'égale épaisseur , à mesure qu'on en réduit la hauteur , qui doit décroître d'un tiers à cette opération ; et élargissant le cuivrot , comprime , durcit la matière , la rend moins poreuse et moins grasse pour la travailler. En le forgeant on examinera s'il ne se forme pas de crevasses sur les bords ; on les fait alors disparaître avec la lime. Sans cette précaution , le cuivre se fendrait entièrement. Cette opération terminée , on écrouit et on réduit le cuivrot à l'épaisseur convenable , et on le centre à l'aide du trait carré.

Le trait carré se fait avec le compas à pointe , dont l'une doit toucher et effleurer le bord , tandis que l'autre se place le plus qu'il est possible dans le centre. Avec la pointe placée au centre , on trace un trait sur les quatre faces du plat de la pièce ; ce qui forme un petit carré dont on marque le centre d'une manière apparente , avec la même pointe du compas , ou avec l'outil appelé *pointeau*. Ce petit outil , d'acier trempé , a une pointe un peu camuse à une de ses extrémités ; l'autre est plate ; c'est sur celle-là que l'on frappe pour imprimer la pointe ; ce point peut s'évaser , si l'on se sert de l'outil nommé ébiseoir, espèce de foret à main , sans cuivrot, qui sert à ôter la bavure des trous , et à les rendre parfaitement évasés à leur entrée.

, Le cuivrot ainsi centré , il ne s'agit plus que d'en tracer la circonférence , qui sera la plus grande possible , afin de ménager le cuivre. On donne au compas une ouverture, telle qu'une de ses pointes soit précisément placée dans le trou du centre , et l'autre joigne le bord le plus près ; alors on trace la vraie circonférence ; on fixe ensuite à l'étau une pointe qui a le bout plat , marqué de points garnis d'huile, comme cela se pratique au tour. Cette pointe doit être saillante d'un pouce au côté gauche de l'étau , et y être fixée solidement; alors, avec un foret de la grosseur proportionnée au trou que l'on a à faire , et avec un archet également en rapport avec la force de ce foret , dont on garnit le cuivrot ; la pointe du foret se présente du côté de ce cuivrot , dans un des points de la pointe fixée à l'étau , et la mèche s'applique dans la pointe du même cuivrot où le trou doit se faire. On le tient ferme avec le bout des doigts et le pouce de la main gauche , et on le présente bien droit, afin de ne point faire un trou oblique , qui forcerait à rejeter la pièce. Il est à observer que ; dans l'Horlogerie, il est de la plus grande nécessité de percer parfaitement droit. De la main droite on fait alors mouvoir son archet, dont la corde entoure le cuivrot du foret, qui doit monter et descendre dans toute sa longueur, jusqu'à ce que le trou soit achevé.

Le trou ainsi percé, se polit par le moyen d'un *équarrissoir;* c'est une tige d'acier trempé dur, un peu en cheville et à cinq angles vifs et tranchans. Il sert à agrandir et dresser les trous selon les proportions qu'ils doivent avoir, ce qui termine le trou qu'il faut marquer d'un autre petit point, du côté où est entré l'équarrissoir; car, étant plus évasé de ce côté, il indique que c'est celui où doit s'introduire l'arbre-lice pour le monter sur le tour. La pièce se fixe ensuite à l'étau; la moitié doit être saillante au-dessus des mâchoires, afin de limer la partie qui surpasse la circonférence déjà tracée : il est bon d'observer qu'il faut limer très-droit.

Un arbre-lice s'ajuste ensuite à la pièce. Cet arbre s'appelle ainsi pour le distinguer des autres qui sont de plusieurs espèces; il faut qu'on l'enfonce de manière qu'il tienne fortement. Dans cet état, on le fixe aux pointes du tour, on serre bien ces pointes avec les vis de pression préparées pour

cet effet, de façon que les extrémités de l'arbre
ne vacillent pas dans les pointes du tour. On
obvie à cet inconvénient, en jetant souvent les yeux
dessus, et surtout en prenant garde de ne point
y laisser manquer l'huile, pour que l'arbre ne se
ronge pas et ne sorte pas du trou où il a été
placé, ce qui le mettrait hors de service. Le
cuivrot de l'arbre doit être du côté droit; on se
munit d'un archet convenable à sa force, mais
bien moins fort que s'il s'agissait de percer. Le
tenon du tour se fixe alors au côté gauche de
l'étau; le support doit être aussi fortement serré.
Il sera droit et placé à la distance de deux lignes,
vis-à-vis le centre de la pièce à tourner. On
prend un burin fondu. Les meilleurs sont ceux
dits *Lavousy*. C'est une petite barre d'acier fin et
carré, et trempé fort dur, et à deux reprises différentes; double procédé qui lui donne sa bonté.
Ces burins sont de plusieurs grosseurs. On les
affûte sur le grais ou sur la meule, où on leur
donne la forme d'une losange. Un des angles fait
la pointe; lorsqu'elle est affûtée bien longue, elle
est très-aiguë. On l'adoucit ensuite sur la pierre
à l'huile, et l'enlèvement de la bavure qui écrasait
ses faces, la rend encore plus acérée.

On tient cet outil de la main gauche, avec les
trois derniers doigts et le pouce, le bout du

premier doigt appuyé croche sur l'angle parallèle à la face, distante de six à huit lignes environ de la pointe. Le bout tranchant et pointu est appuyé sur le support, la face en dessus, la pointe près de la pièce à tourner, qui ne doit toucher que légèrement en descendant, et non en remontant, *sans prêter la main*; c'est-à-dire qu'il ne faut pas racler la pièce à tourner, mais en faire disparaître les parties plus hautes, afin qu'elles se trouvent d'une égale hauteur dans toute sa circonférence; procédé que l'on continuera jusqu'à ce que les traces de la lime soient disparues. Les traits de burin ayant tous la même profondeur, on les enlève ainsi avec l'une des faces angulaires du burin, pour unir et polir la pièce tournée.

Lorsque le dessus ou *champ* est bien rond et d'égale hauteur, il faut tourner les côtés du cuivrot avec la pointe du burin, qui doit être bien affûtée et tranchante. Lorsque les côtés ont été bien dressés à la pointe de ce burin, et que le feu de la pièce a disparu, que les mêmes côtés sont d'égale épaisseur dans toute leur hauteur, on fait disparaître les traits du burin avec la face du même outil, pour unir et achever de *dresser plat* les faces que vous mesurez avec le compas d'*épaisseur*, dit *huit de chiffre*, instrument qui vous fait

connaître si le centre est plus élevé ou plus bas
que les bords. Cette opération faite, on choisit
dans l'atelier le cuivrot le mieux achevé, c'est-
à-dire, celui qui est le mieux creusé et dont les
bords s'élèvent proportionnellement, afin qu'il
serve de modèle. L'on fait ensuite avec le burin,
la *creusure* assez profonde pour que la corde n'é-
chappe pas sur le devant, lorsqu'on fera usage
de l'archet. L'on prend une lime dite *queue de rat*,
de la grosseur qui convient, que l'on fait mouvoir dans cette creusure, en sens opposé au jeu
de l'archet; c'est-à-dire que ce dernier instrument
doit remonter quand on tire la lime à soi, et cette
lime à son tour remonte quand on rebaisse l'archet. Ces deux mouvemens, qui doivent aller ensemble, se continuent jusqu'à ce que les traits du
burin soient effacés. La lime douce sert ensuite à
arrondir des deux côtés les bords du cuivrot, afin
qu'ils ne coupent pas les cordes. Ceci fait, on
réduit de la pierre ponce en poudre très-fine,
que l'on délaie dans de l'huile un peu épaisse.
On prend ensuite une longue cheville de bois de
saule, bien arrondie, et ayant la forme d'une
queue de rat. On enduit de cette poudre imbibée
d'huile, et on frotte la creusure jusqu'à ce que les
traits de la lime soient entièrement effacés. Pour
polir les bords du cuivrot, le bois de saule doit
être plat, ce qui est plus commode et plus sûr

pour que le polissage soit dans sa perfection. La pièce s'essuiera ensuite avec un linge usé, jusqu'à ce qu'elle soit propre. Pour terminer le poli, on a deux autres bois enduits de rouge à polir, dont on frotte la creusure, ses bords et ses côtés ; et le cuivrot est entièrement fini. On le retire de dessus l'arbre, en le chassant avec une pince à boucles et un marteau, en mettant entre cette pièce et le cuivrot une carte pour éviter qu'elle ne soit mâchée.

Les burins sont d'une si grande utilité dans l'Horlogerie, qu'on ne saurait trop en recommander la fabrication à l'apprenti, et surtout qu'il ait soin de les mettre régulièrement en place, et de les bien entretenir.

DES ROUES.

L'apprenti ayant fait une quantité suffisante de cuivrots, et étant bien habitué à tourner le cuivre, s'exercera à tourner des roues plates et des balanciers, où l'on emploie le cuivre jaune d'environ une ligne d'épaisseur. Il les taillera et les forgera ; jusqu'à ce qu'elles soient réduites à la moitié de leur épaisseur ; il les tracera et les arrondira, les percera, les tournera et les dressera à *plat,*

comme les cuivrots, mais sans creusure, en observant de ne faire au centre qu'un petit trou,
parce qu'il ne doit recevoir qu'un arbre mince ;
pour éviter deux inconvéniens : d'abord, la pièce
peu épaisse tiendrait mal sur son arbre; en second
lieu, un trou trop grand empêcherait qu'elle ne
fût bien centrée sur l'outil à fendre, pour la denteler. La fabrication de ces pièces deviendra utile
par la suite à l'apprenti; par-là il apprendra à faire
une croisure, égaliser et arrondir une denture :
objets pour lesquels ces matières lui sont sacrifiées.
Il apprendra à creuser des coulisses, des râteaux,
des roues de champ et de rencontre, des barillers
dits tambours. L'apprenti s'exercera de plus en
plus la main en ouvrant ce métal, s'il fait plusieurs
petits ouvrages de fantaisie, qui lui formeront le
goût en même temps qu'ils exciteront son émulation.

L'apprenti une fois bien exercé à tourner le
cuivre, fera la même opération sur l'acier. Pour
cet effet, on prend chez le marchand de fourni-
tures d'Horlogerie, des tiges d'acier, rondes et
carrées, de grosseurs assorties pour tous les
genres de travaux.

L'acier rond sert à faire des arbres-lices, des
ébisloirs, des forets, des vis, des pointes de tour
et autres ouvrages. L'acier carré sert à faire des
tasseaux plats et ronds, des pointeaux, des presses

à river, des tourne-vis, des étampes, des tarreaux et autres ouvrages. L'acier plat, de diverses épaisseurs, sert à faire des ressorts de verroux, de guide-chaînes ; des crochets, des fusées, des plaques, des potences et des coquerets.

DES COULISSES.

Les coulisses sont des demi-cercles pris dans des cercles entiers : par conséquent il faut faire deux coulisses d'un cercle. Il en est de même pour les rateaux.

On emploie du cuivre de chaudière de l'épaisseur d'une ligne et demie, qui se forge à petits coups et à froid, d'après le procédé déjà indiqué. Toutes les autres pièces de ce métal se préparent de même, lorsqu'elles doivent être réduites d'un tiers ou moitié de leur épaisseur, et en outre, bien égales et bien planées : par-là elles deviennent dures, c'est-à-dire, bien écrouies.

Comme il s'agit de former la main de l'apprenti, nécessairement il faudra sacrifier quelques-unes de ces pièces avant qu'il ne soit parvenu à les bien faire. L'apprenti économe et intelligent veillera à ménager le temps et les matières, en se

mettant promptement en état de fabriquer ces différentes pièces, de manière qu'elles puissent servir.

Pour faire ces coulisses, on prend provisoirement du cuivre de l'épaisseur qui vient d'être indiquée, et de la grandeur d'une pièce de deux
liards, après l'avoir coupé carré, comme toutes
les roues plates ou balanciers doivent se couper ;
on les lime plat sur les bords, afin de faire disparaître les crevasses ; on arrondit ensuite les
bords de chaque face ; elles sont alors en état
d'être forgées et réduites à la même grosseur,
comme il a été expliqué plus haut.

Cette pièce se centrera par le moyen d'un trait
carré, au centre duquel on marque un point avec
un petit pointeau ; on le perce droit, en observant
que le trou ne soit pas trop grand. Ce trou se
dresse avec un équarrissoir ; c'est le moyen de fixer
droit la pièce sur son arbre, lorsqu'il en sera
temps, afin qu'en la tournant elle ne puisse s'en
détacher.

Avec le compas à pointe, et à partir du centre,
on décrit un cercle de la grandeur de la coulisse
que l'on veut faire ; mais comme elle doit s'a-
grandir par l'opération de la forge, on tire un
second trait plus grand que le premier d'une ligne
et demie ; cette grandeur servira à former les

oreilles où on doit mettre les vis. On lime ensuite jusqu'au trait, sans le dépasser.

L'arbre-lice se fixe alors par le moyen d'un fort frottement; il est de nécessité qu'il soit placé le plus droit possible. La pièce se pose alors sur le tour, se tourne droit des deux côtés à la pointe du burin, pour en faire disparaître le feu, et les traits s'enlèvent avec la face. On achève de la dresser jusqu'à ce que son épaisseur devienne égale à celle du centre; alors on peut faire la creusure, qui sera d'une largeur proportionnée à sa grandeur. Les coulisses ainsi préparées s'appellent coulisses à oreilles; celles sans oreilles sont tournées rondes sur leur champ, par une grandeur déterminée. Les trous des vis se percent dans le milieu du bord extérieur de la coulisse, et ce bord doit être plus large que celui de celles à oreilles. Cette seconde espèce de coulisse est aussi bonne que la précédente. Dès qu'une fois elle est bien faite, elle se creuse comme les autres, en exécutant ponctuellement ce qui suit.

Les coulisses ont environ deux lignes de largeur, selon leur diamètre. La creusure des coulisses à oreilles, qui peut avoir un râteau plus large, par conséquent plus fort, peut prendre à peu près trois cinquièmes de son centre, attendu que le rebord extérieur est plus haut et plus large que le rebord intérieur, qui s'engrenne dans la coulisse du râteau, à un quart de ligne de largeur et de profondeur. Cette creusure se fait avec un petit burin à crochet, nommé *échoppe*.

DES BURINS A CROCHETS, dits ÉCHOPPES.

Cette sorte de burin se fabrique de la manière suivante. On prend une lime carrelette usée, que l'on fait recuire au feu, et ensuite refroidir sur la cendre. On lime l'angle de l'un des côtés du bout de la lime recuite, de trois à quatre lignes plus bas que l'autre bout. On fait une large entaille de l'autre côté, en forme d'équerre, en donnant au crochet la largeur et la longueur qu'il doit avoir, c'est-à-dire, qu'il peut porter. Cette tranche d'équerre faite, on disposera l'outil pour la main gauche, qui doit le diriger; on tient cette tranche d'équerre d'égale largeur, dans toute sa longueur, dont le bout doit être parfaitement carré. Le dessous se lime en biseau sur toutes ses faces; de sorte qu'il se trouve moins large d'un tiers ou de moitié en dessous qu'au-dessus. Cette opération le rend plus tranchant. Ce burin se trempe bien dur, et on le fait revenir ensuite jaune, ce qui lui donne la dureté nécessaire pour l'empêcher de casser et de s'égrener.

Alors, avec un fer à adoucir et de la pierre à l'huile bien pulvérisée, détrempée à l'huile, on en adoucit les faces jusqu'à ce qu'elles soient bien tranchantes et sans traits. Le bout s'affûte ordinairement sur la pierre à l'huile, en observant de le tenir bien droit ; on choisit alors celui de ces burins dits *échoppes,* qui est en proportion de la creusure que l'on veut faire ; on applique de la main gauche le crochet sur le support, les quatre doigts en dessous et le pouce au-dessus ; et cette échoppe se conduit comme un autre burin. Les roues de champ se creusent jusqu'à environ moitié ou trois cinquièmes de leur épaisseur. La creusure doit en être bien plate, depuis son champ jusqu'à la goutte, que l'on conserve d'abord un peu large au milieu.

MANIÈRE

DE CREUSER LES ROUES DE CHAMP.

Le *champ* exige plus d'épaisseur au milieu qu'au rebord, qui ne doit avoir à peu près que celle d'une carte, en sorte qu'intérieurement évasée, elle se trouve plus évasée au rebord qu'au fond : épaisseur qu'on lui ménage, pour donner plus de force au pied de la denture. Ceci fait, on coupe la goutte plate qui déborde le fond, de l'épaisseur d'une carte. Cette goutte ne se forme souvent, qu'après que la roue a été fendue et que l'on a laissé une épaisseur suffisante à son fond, qui est susceptible d'être mâché par la chapelle de l'outil à fendre ; fond qui demande toujours à être retouché. Après cette opération, on la replace alors sur l'arbre : elle doit être très-droite. Avec le crochet on termine son fond, où on laisse une goutte au milieu. La pierre à l'eau ou la pierre à l'huile, servent d'abord à l'adoucir, mais sur *champ*. Il doit s'adoucir de préférence avec la pierre à l'eau ; il faut observer de le tenir bien plat et bien effacer ses traits, ce qui le rend propre à recevoir sa croisure. Elle se croise en quatre, avec les mêmes procédés usités pour les différentes autres croisures, excepté que celle de cette roue est pareillement évasée en dessus et en dessous, au rebord du champ, seulement pour rendre la pièce moins matérielle et donner plus de puissance au grand ressort. C'est ici que tous les moteurs doivent être exactement proportionnés en force ; autrement l'ouvrage serait défectueux ; à cause du trop grand poids que pourraient avoir quelques-uns d'entr'eux.

DES ROUES DE RENCONTRE.

Les roues de rencontre, quoique plus petites
et ayant le champ plus élevé, se creusent de la
même manière, avec le crochet qui leur est propre.
Elles sont les seules qui se croisent en trois avant
d'être fendues et rivées sur leur pignon. Au centre
de cette roue, comme à celle de champ, on doit
ménager une goutte à son centre intérieur, pour
donner plus de force à la rivure de son pignon,
dont le corset doit être suffisamment fort, sans
être trop matériel. Il sera intérieurement évasé
pour que le pied des dents n'ait que l'épaisseur
d'une bonne carte; et les pointes des dents des-
dites roues, lorsqu'elles sont rivées et retour-
nées sur leur pignon, ne doivent avoir qu'un tiers
ou moitié moins de cette épaisseur; car la trop
grande largeur d'une denture de roue de rencontre nuit à la bonté de l'échappement, comme
susceptible de s'accrocher; ce qu'il est de la plus
grande nécessité d'éviter, lorsqu'on est occupé
de cette pièce.

La roue de rencontre ainsi croisée et creusée,
on adoucit et polit le dessus des barettés du côté
du pignon, avant d'y river ce dernier, qui doit

avoir une rivure qui lui soit convenable. C'est alors qu'on peut le river, et la roue est en état d'être fendue. Cette roue s'ajuste à un mouvement quelconque, si elle est de grandeur dentelée du nombre de dents convenable. L'intérieur des barettes s'adoucit et se polit avant de river le pignon.

MANIÈRE DE FAIRE DES RATEAUX.

Comme le cuivre à coulisses, celui que l'on emploie pour les râteaux, est assujéti aux mêmes procédés; il se forge, se trace, se perce et s'arrondit, excepté que le cuivre est moins grand et moins épais. Il se tourne rond et droit sur son champ, jusqu'à ce qu'il entre juste dans la creusure de la coulisse; il se tourne plat des deux côtés, et l'épaisseur du bord de sa circonférence se diminue de moitié; l'autre moitié restante doit être un peu en biseau, et avoir la largeur de toute celle de la coulisse, y compris celle de son rebord intérieur, où l'on doit arriver juste sans le dépasser. Ensuite, avec un petit burin à crochet, un peu moins large que le rebord intérieur de la coulisse; on fera à la roue de râteau une creusure droite au pied du biseau; cette creusure aura la profondeur et la largeur nécessaires pour que le rebord intérieur de la coulisse puisse y entrer librement, en évitant que le râteau ait du jeu, ce qui serait un vice. Pour empêcher la denture de cette pièce de se courber en la fendant, on différera de creuser sa coulisse jusqu'à ce qu'il soit fendu ; sans cette précaution, la creusure s'ouvrirait et aurait trop de jeu, ce qui la rendrait encore défectueuse. Il sera donc bon de prendre les précautions indiquées pour éviter un pareil défaut.

La pièce dans cet état est prête à être placée sur l'outil à fendre, et après avoir été fendue, elle se remonte sur le tour, munie de son arbre. Avec une lime barrette douce on fera disparaître les bavures de sa fraise du côté du biseau, que l'on adoucit avec une pierre à l'eau, après avoir fait la même opération à la creusure avec la pierre à l'huile. La roue de râteau ainsi fendue et ajustée produira le nombre de râteaux que l'on aura déterminé. On observera de tracer la barrette au centre et bien droite, qui se dégagera avec une lime *feuille de sauge*, jusqu'auprès de sa coulisse ou de sa creusure, en laissant un petit rebord autour d'elle ; ce rebord sera mince, d'égale épaisseur tout autour intérieur du râteau. Le dessus de sa coulisse sera d'égale hauteur, pour qu'il soit bien ajusté ; on tire alors de long cette croisure, que l'on

3

adoucit comme les barrettes des roues plates.
Les râteaux sont alors prêts à *égalir* et à être
arrondis.

DES CADRANS D'AVANCE ET DE RETARD.

Cette pièce se fait en cuivre, en acier ou en
argent. Faite avec l'une ou l'autre matière, elle
veut une grande solidité que les mauvaises Montres
n'ont pas, pour la plupart; de là de fréquens arrêts.
Les bons cadrans ont l'épaisseur d'une bonne demi-
ligne, plats en dessus, le bord un peu en biseau
de ce côté; le dessous est un peu creusé dans
toute sa largeur, afin que le placage du cadran
sur sa platine soit bien ajusté. Il doit y avoir une
autre creusure plate au centre de ce cadran, et
ayant en profondeur les deux tiers de l'épaisseur
de la pièce, et égale en largeur à la moitié de
son diamètre : c'est le juste espace pour recevoir
la roue d'avance et de retard. Son intérieur res-
semble donc, d'abord, à une assiette plate; et
lorsque sa coulisse y est adaptée, elle présente à
son intérieur la forme d'un plat à barbe.

Pour fabriquer cette pièce, on taille et on prépare un morceau de l'un des métaux déjà indiqués;
on leur donne les dimensions en proportion des

autres pièces qui entrent dans la fabrication de
la Montre ; on le perce au centre d'un petit trou
égal à celui d'un arbre à chaussée ; on y introduit
un arbre, et l'on monte la pièce sur le tour, pour
lui donner la forme qui lui est propre, à la pointe
et à la face du burin, ainsi qu'au burin à crochet.
Si la pièce est en argent, on l'adoucit avec la pierre
à l'eau ; la pierre à l'huile s'emploie pour le
même usage, si la pièce est en cuivre ou en acier.

L'apprenti doit beaucoup s'exercer à faire une
quantité de ces roues, pour se bien former la
main. Il doit encore s'appliquer aux croisures,
dont la fabrication le conduira à *égalir* et à arrondir les roues de champ et autres roues plates,
et à bien faire les dentures des roues de rencontre :
partie qui exige du talent. Lorsqu'on est bien au
fait de ce travail, on sait diriger son burin à
crochet ; il faut alors apprendre à bien creuser
un barillet ou tambour. On appelle ainsi une petite
boîte mobile, tournant sur son axe, qui est immobile, et dans laquelle est renfermé le grand
ressort ou moteur, ployé en spirale, accroché par
un œil ou entaille fait au bout intérieur au crochet
de son axe ou arbre, et accroché de même par
son bout extérieur à un petit crochet placé intérieurement au centre de la gorge de ce barillet
ou tambour.

DU TAMBOUR OU BARILLET.

On emploie toujours, pour cet objet, de bon cuivre jaune, en planche ou fondu, que l'on taille et que l'on forge selon la grandeur et l'épaisseur du barillet; on le centre, on le perce, ensuite on trace sa circonférence, on lime le cuivre qui la surpasse; puis on dresse le trou avec un équarrissoir, et l'on y introduit l'arbre-licé qui doit être en proportion de ce trou, afin qu'il y tienne fortement. Cet arbre-lice s'introduit du côté où l'on a fait entrer l'équarrissoir; on le place ensuite sur le tour, et on se munit d'un archet qui convient à la force de ce barillet. On le tourne rond et droit sur son champ, dont la grandeur sera proportionnée au rebord qui doit rester du côté de sa creusure; ce rebord sert de garde-chaîne à cette pièce; on tourne ensuite plat et d'égale épaisseur. Les deux côtés ainsi préparés, on diminue cylindriquement la largeur du champ, des deux tiers ou des trois quarts, c'est-à-dire, de la profondeur d'une demi-ligne du côté du fond du barillet où doit être le cuivrot de l'arbre sur lequel il est monté. Cette opération se continue jusqu'à ce que l'on soit parvenu à donner à la gorge la grandeur

déterminée. Cette grandeur et sa hauteur acqué-
rant la justesse convenable par l'opération de la
creusure, que l'on commencera à la pointe du
burin ordinaire, on lui substitue le burin à crochet pour la foncer, et on lui donne ainsi la profondeur voulue, en observant : 1.° de laisser sur
l'arbre un jet un peu fort, pour en former, en
le finissant, une goutte qui débordera le fond intérieur d'environ un quart de ligne; cette goutte doit
être plate en dessus et adoucie. 2.° On élargira la
creusure avec la face intérieure du crochet ou
échoppe, jusqu'à ce qu'elle ait atteint la grandeur
déterminée et une force proportionnée, sans néanmoins qu'elle soit trop matérielle. L'intérieur du
champ ou de la gorge doit être bien droit, et sa
largeur, tant au fond de la creusure qu'à l'entrée,
doit être égale. 3.° On tiendra le fond parfaitement plat, et l'angle intérieur qui est au fond du
barillet, qui forme la jonction de ce fond à la
gorge, doit être coupé sans rebords, pour que
les fonctions de cette pièce n'éprouvent aucune
gêne. On met alors le fond d'épaisseur à l'intérieur, en observant de le tenir bien plat, et de
lui donner à peu près l'épaisseur d'une grosse
carte, lorsqu'on finira de le dresser à la lime.
Cette pièce achevée et retirée de son arbre aura
donc l'épaisseur suffisante, c'est-à-dire, celle d'une
carte ordinaire. Il faudra, avant de la détacher de

son arbre, la mettre à sa juste hauteur, qui doit être d'une ligne, au plus, moins haute que l'intérieur de la cage, composée de deux platines et de ses piliers; le barillet ne pourra plus alors frotter sur l'une ou sur l'autre : ce qui fatiguerait le ressort, causerait un arrêt, accident qu'il est nécessaire d'éviter.

La pièce dans cet état n'a plus besoin que d'un *drageoir* à son rebord, pour tenir son couvercle. Voici la manière de fabriquer ce drageoir : On prend un burin à crochet, dont la face, au lieu d'être affûtée carrée, est un peu en losange, l'angle intérieur plus long que l'angle extérieur, et bien affûté. On présente l'angle allongé de la face de cet outil, en dedans, et près le rebord de sa creusure, à une profondeur de l'épaisseur d'une bonne carte; l'outil ainsi placé sera soutenu sur son support. En agitant l'archet et retirant peu à peu à soi son crochet, on forme le drageoir, qui sera dans sa perfection s'il a l'épaisseur et la profondeur d'une bonne carte; il doit en outre être un peu plus large au fond qu'à l'entrée, et cette dernière partie doit encore avoir plus de largeur que l'intérieur de la gorge, afin que le couvercle n'entre pas au delà de sa portée, au fond de ce drageoir. On forme ensuite le rebord ou garde-chaîne au-dessus du drageoir, qui ne doit déborder le dessus du champ que d'une demi-ligne. Ce champ étant bien cylindrique et n'ayant que l'épaisseur de deux cartes, est entièrement fini et a la force suffisante pour porter son crochet de barillet, qui se place au centre de son champ, pour y accrocher le ressort par l'intérieur.

Le garde-chaîne du barillet ne doit avoir que l'épaisseur d'une bonne carte ; la moitié ou les deux tiers de son épaisseur doivent être mis en biseau, à partir du drageoir jusqu'à son rebord, sans néanmoins y arriver directement ; ce qui est dessus en réduit le diamètre, pour éviter le frottement.

Ce biseau fait avec la pointe et la face du burin, on y passe une lime bien douce, ainsi que sur le champ du barillet, pour effacer le feu du burin ; les deux parties s'adoucissent ensuite avec une pierre à l'eau, qui en fait disparaître tous les traits. L'intérieur et le drageoir s'adoucissent ensuite avec un morceau de bois blanc, enduit de pierre ponce, pulvérisée et délayée avec de l'huile : opération que l'on continue jusqu'à ce que tout soit bien poli ; c'est-à-dire, jusqu'à ce qu'il n'y reste aucunes traces des traits. On coupe alors, avec la pointe d'un burin bien affûté, le jet que l'on avait ménagé au centre du barillet, comme il a été précédemment prescrit ; ne le laissant déborder le fond que d'une demi-ligne bien plate en-dessus.

Ce barillet ou tambour, ainsi terminé au tour,
il ne reste plus qu'à faire un petit trou oblique
dans l'angle de son garde-chaîne ou rebord. Ce
petit trou traversera le fond du drageoir, pour y
introduire le crochet de chaînette dit de barillet,
dont la forme est différente de celui de fusée qui
est à l'autre bout de la chaînette ; on marque,
avec un ébisloir, un point que l'on perce avec un
foret de grosseur suffisante pour que la gorge
ait la force de supporter le crochet en cuivre,
dit du barillet. Ce trou se taraude pour en faire
un écrou ; on en enlève proprement la bavure,
tant au-dehors qu'au-dedans ; on y introduit ensuite la vis, qui se serre avec un bout de cuivre
taraudé sur le même tarau ; le tarau débordera
en dedans de l'épaisseur à peu près de deux
cartes, le bout étant bien plat, de côté et ras
le champ, sans l'endommager. Ce qu'il y a de
surplus de la tige de cuivre du crochet se coupe,
et on lime proprement son jet, sans altérer le barillet ; il s'adoucit ensuite avec la pierre à l'eau,
dont la propriété, comme nous l'avons déjà dit,
est d'enlever les traits de la lime. On fait ensuite
une entaille en dedans, pour y accrocher l'œil
extérieur du grand ressort. Cette entaille se fait
du côté droit du petit jet, qui est dans l'intérieur,
que l'on entaille à environ moitié de la grosseur
de ce jet, avec le bout d'une lime à fendre, en

observant de ne pas entamer la gorge ; on termine
en dressant plat le fond extérieur avec une lime
carrelette douce, dont la pierre à l'eau en enlèvera les traits.

DES COUVERCLES DE BARILLETS,

ET

MANIÈRE DE LES FAIRE.

Il faut au barillet un couvercle que l'on ajuste
ainsi qu'il suit :

On coupera un bon morceau de cuivre jaune
de chaudière, de l'épaisseur de trois quarts de
ligne, environ, qui se forge et se réduit à peu
près à moitié. On marque son centre d'un point,
et l'on trace sa circonférence ; on lime ce qui
excède son trait. Le point du centre se perce d'un
petit trou un peu moins grand, ou à peu près
égal à celui du barillet. Ce trou se dresse avec
l'équarrissoir ; on met la pièce au tour, après y
avoir adapté un arbre-lice ; elle se tourne sur son
rebord, à peu près de grandeur de son drageoir,
et ensuite bien droit et bien plat du côté du cuivrot de l'arbre, et du côté de la petite pointe. Son
épaisseur se diminue de moitié, en lui ménageant

une petite goutte égale à celle de l'intérieur du barillet. L'autre côté se retouche légèrement à la pointe du burin, pour s'assurer s'il n'est point dérangé de dessus son arbre, et s'il est d'égale épaisseur. Cette vérification faite, et le bord étant reconnu suffisamment épais pour déborder imperceptiblement le bord du drageoir, il s'y ajuste; on le fait tenir forcé, serré; c'est à quoi l'on parvient en le présentant à plusieurs fois, et le diminuant peu à peu sur son rebord, jusqu'à ce qu'il entre enfin, tenu, forcé, serré. Le dessus du rebord doit être imperceptiblement plus haut du côté de la goutte, qui est le dedans, que du côté opposé, qui est le dessus, attendu que le drageoir dans lequel il entre est plus creux au fond qu'à son entrée; et de cette manière le couvercle ne peut point sortir facilement par le côté où il est entré. Etant bien tenu dans son drageoir, il en sortira, en retirant fortement l'arbre sur lequel il reste monté jusqu'à ce moment; on lui fait un rebord ou entaille, en équerre, de près d'une ligne, afin que le crochet de chaîne du barillet ne soit point gêné dans son trou, et pour que le couvercle se lève aisément lorsque le besoin l'exigera. Il ne restera plus alors qu'à bien adoucir à la ponce à l'huile, son intérieur, qui doit être parfaitement poli.

Le couvercle enfoncé dans son drageoir, et

le débordant imperceptiblement après avoir été tourné , doit être dressé plat par-dessus , avec une lime douce , ensuite avec la pierre à l'eau, jusqu'à ce qu'il arrive juste à la hauteur du bord du drageoir. Cette dernière opération termine entièrement le couvercle et le barillet, à qui il ne manque plus que son arbre ou axe, qui se fait de la manière suivante , lorsque l'apprenti sera bien au fait de tourner l'acier.

DE L'ARBRE DU BARILLET.

On fait deux sortes d'arbres de barillet : l'un a le corps d'acier , tout d'une pièce ; l'autre, que l'on juge moins solide , a le corps garni en cuivre ; malgré la prévention qui s'attache à ce dernier, il faut observer qu'il remplit très-bien ses fonctions , s'il est bien fait. On prend, pour faire cette pièce, un morceau d'acier rond , de la grosseur des deux cinquièmes du couvercle du barillet ; on en taille un bout de la longueur de douze lignes, que l'on place droit au milieu de la tenaille à vis, ou étau à main, qu'il déborde d'environ quatre lignes et demie ; la lime rude diminuera ce bout excédant, que l'on appelle tigeron , jusqu'à moitié de sa grosseur ; ce tigeron se tient le plus qu'il est possible au centre du corps de l'arbre ; on le lime d'abord carré, un peu en cheville, ensuite à huit pans, et définitivement rond. La même opération se répète à l'autre bout. On fait une pointe à chacun de ces bouts, qui servent à centrer le corps de l'arbre, qui a trois lignes de longueur. On perce le corps de cet arbre bien juste au milieu d'un petit trou, en travers et bien droit. Ce trou s'unit avec un équarrissoir. Cet arbre se trempe ensuite ; on le fait recuire bleu. Sur l'une des tiges se place un petit cuivrot, qui se monte sur le tour ; et avec la pointe du burin, on en tâte légèrement le corps, pour s'assurer s'il est à-peu-près rond : s'il ne l'est pas, on arrondit les pointes ; alors on tourne les deux tiges rondes et cylindriques. On met ensuite droit et bien plat, les deux faces de l'arbre. Son champ sera rond et cylindrique. Sa grosseur doit être en proportion d'environ le tiers du diamètre du couvercle du barillet ; la hauteur du corps est le juste espace qu'il y a entre la goutte du barillet et celle de son couvercle, lorsqu'il est fermé. Pour prendre cette hauteur, on taille une petite tige de cuivre rond, de la grosseur à peu près du trou du barillet ; elle se lime plat, dessus et dessous. On forme au bout une longue palette, semblable à celle d'une verge de balancier, mais plus longue, que l'on ébauche. Elle s'ajuste jusqu'à ce qu'elle puisse s'introduire entre les deux gouttes; en observant qu'elle ne doit avoir que le moins de jeu possible; cette *bauge* donnera la juste hauteur du corps de l'arbre que l'on tourne de hauteur et de grosseur convenables, en observant de tenir le trou qui est pratiqué, le plus qu'il sera possible, au centre de son champ. Le corps de l'arbre étant, pour ainsi dire, de hauteur, la tige du barillet se tournera cylindriquement, et sera réduite à la grosseur d'une vis de carré ordinaire, proportionnément à l'étendue du barillet. A ce côté du corps de l'arbre, on pratique une creusure ou biseau, en y ménageant une portée ras le tigeron. La pierre à l'huile broyée s'emploie pour adoucir la creusure ou le biseau; ensuite, avec un fer plat et de la pierre à l'huile broyée, on adoucira le tigeron et sa portée, que l'on tient bien plate et son angle vif; sa pièce sera proprement nétoyée, pour en polir la tige et la portée. On se servira pour cette opération, d'un pareil fer bien avivé et mis à neuf; on le garnira d'un peu de potée d'étain, ou de rouge d'Angleterre délayé dans l'huile. Avec ce fer, agitant l'archet, on polira le tigeron et la portée. Cette opération se répète à l'autre tigeron, que l'on tient un peu plus mince du côté du couvercle, en observant que le corps de l'arbre arrive juste de hauteur entre les deux gouttes. L'arbre n'a plus besoin que de son crochet : c'est une petite

tige d'acier, qui sera à fleur, à l'une de ses extrémités, et saillante à l'autre, c'est-à-dire, du côté
de son entrée. Ce jet est de l'épaisseur d'une forte
carte; on lui fait une entaille en forme de crochet,
pour y arrêter l'œil centrique du ressort; il ne
reste plus qu'à le mettre en cage : ce qui se démon-
trera à l'article du mouvement.

MANIÈRE DE FAIRE LES ARBRES LICES.

Par où l'on doit commencer à tourner l'acier.

Ces arbres sont d'une si grande utilité, et d'un
usage si fréquent dans l'Horlogerie, que l'on place
ici la manière de les fabriquer.

On coupe d'abord des bouts d'acier de différentes grosseurs, et d'une longueur proportionnée
à la grosseur de la tige ; les plus gros seront les
plus longs. Ses longueurs sont de 30, 24, 20,
16 et 12 lignes ; les moyens et les petits sont employés plus fréquemment que les gros. Il faut avoir
l'attention de les faire de grandeur correspon-
dante, afin qu'il s'en trouve de toute dimension.

Ces bouts d'acier ainsi coupés, on en fixe un
par l'extrémité, au milieu d'une tenaille à boucle,

bien serrée, si c'est un des petits; si c'est un gros, il se fixe fort, au milieu d'une tenaille à vis, que vous tenez, ainsi que la tenaille à boucle, de la main gauche. Le bout de la pièce qui dépasse la tenaille, se place sur une coche du bois à limer; de la main droite on prend une lime carrelette moyenne, demi-rude, dont on lime la pointe de l'arbre, d'abord à quatre faces, ensuite à huit, et puis à seize pans, ce qui l'a préparé à être arrondi. Cette pointe doit être bien centrée, pour qu'elle soit plus facile à tourner. On la pointe ainsi des deux bouts, dont l'un se diminuera un peu en cheville, tout autour, et l'on y place un cuivrot d'un petit diamètre, pour que tous les coups du burin portent, et qu'il ne soit point sujet à des secousses qui émousseraient la pointe de ce burin, et feraient décentrer la pièce. Le diamètre d'un cuivrot, par exemple, qui est rond et plat, est une ligne droite, tirée d'un bord à l'autre, traversant son centre, qui démontre sa plus grande largeur, ainsi que toutes les pièces rondes et plates. Le diamètre d'un cercle est le tiers de sa circonférence; le cube est un carré à six faces d'égale largeur.

Cet arbre monté d'un cuivrot provisoire, reçoit un archet foible. L'arbre se place sur le tour, dont le support se fixe et se serre fortement à

deux ou trois lignes du centre du corps de l'arbre
à tourner. Le burin doit être bien affûté à la
pointe. C'est par la tête que l'on doit commencer
l'arbre ; si c'est un des plus gros et par conséquent un des plus longs, on prend le quart de
la longueur pour former cette tête, et le tiers si
c'est un des petits ; car si la tige des petits était
trop longue, la foiblesse de cette tige s'oppose-
rait à ce que la pièce pût se tourner parfaitement
ronde ; cette tige, en fouettant, perdrait en outre
sa qualité. La longueur de la tête se marque par
un trait de burin, que l'on enfonce à petits coups
sur l'arbre, jusqu'à ce qu'il tourne rond. Cette
saignée faite, on dépouille la tête à égale profondeur, un peu en cheville et d'un quart plus
petite près la pointe que près la portée. Les traits
étant d'égale profondeur, on les enlève avec la
face du burin. Cette tête d'arbre s'unit avec une
lime douce, mais ce travail n'est que provisoire.

Cette tête ainsi préparée, on enlève l'arbre du
tour ; on en fait sortir son cuivrot, et l'on fixe
un autre cuivrot sur la tête dont il s'agit ; alors
on replace l'arbre sur le tour, pour tourner et
former le corps qui doit être près la portée,
d'un quart plus petite que la tête, et qui doit être
tourné presque cylindrique dans toute sa longueur,
et doit cependant être environ d'un cinquième

plus petit du côté de sa pointe que du côté de
sa portée. On se sert de la face du burin pour
effacer les traits que laisse la pointe de l'outil. La
pièce ainsi ébauchée, on fait la même opération
sur tous les autres arbres, en faisant attention
de ne se servir que d'archers convenables. Toutes
ces têtes et corps d'arbres étant dans cet état, on
les trempera l'un après l'autre, pour qu'ils soient
plus droits. On fait rougir les grands dans une
écuelle de chauffe-pieds pleine de charbons ardens ;
l'arbre doit porter sur l'un d'eux dans toute sa
longueur; on le recouvre d'autres charbons : quand
il est rouge, on le saisit avec une pince longue,
par le plus petit bout, et on le plonge perpendiculairement dans l'eau froide. On essuie ensuite
cette pièce que l'on tâte avec la lime. Si elle ne
prend pas, l'acier est dur, qualité qu'il doit avoir
dans toute sa longueur. Vous continuez cette opération, jusqu'à ce que tous les arbres ébauchés,
gros et moyens, soient trempés, en observant les
mêmes procédés.

Les petits arbres se trempent avec la chandelle
et le chalumeau ; ils sont placés sur un charbon
long, aplati d'un côté, en plaçant le gros bout
de l'arbre plus près de la chandelle, comme étant
plus difficile à rougir à cause de sa grosseur,
et en même temps afin qu'on puisse le plonger

plus perpendiculairement dans l'eau ; car ces arbres sont sujets à se fausser à la trempe. Après avoir éprouvé leur dureté, avec la lime, on les fait recuire jaune foncé, pour les dresser et les tourner.

Pour faire revenir les grands arbres, on place une petite feuille de tôle sur un brasier ardent ; l'arbre se place sur cette tôle. On le surveillera ; et lorsqu'il a atteint la couleur brune, on le retire promptement avec une longue pince, pour le plonger dans l'eau froide.

Les petits se placent sur un revenoir adapté à la flamme d'une chandelle, en faisant attention de les faire mouvoir de manière que l'action du feu les fasse revenir également ; et quand ils sont parvenus à la couleur brune, on les plonge aussitôt dans un verre d'eau froide.

S'il en est de trop faussés à la trempe, on les fait bien recuire, on les redresse et on les retrempe de nouveau ; mais s'ils sont peu faussés, on les redressera en les appliquant d'à-plomp sur un tasseau ; et avec la tranche du marteau vous frappez un peu fort sur l'endroit où ils sont creux ; le contre-coup les fait redresser, mais aussi quelquefois casser.

Ces arbres étant bien redressés, on place sur

la tige de l'un d'eux un cuivrot, pour ensuite les monter sur le tour. On se munit d'un archet foible et l'on se sert d'un bon burin extrêmement pointu. On tourne la pointe de la tête qui se place ensuite sur une des pointes du tour dit *à rouler les pointes*. On roule la pointe d'arbre bien plate et conique, jusqu'à ce que les traits du burin soient disparus ; ce qui se fait avec une bonne lime en acier douce. Ces pointes ainsi roulées, ils faut les bien ménager, en les imbibant souvent d'huile. Sans cette précaution elles se rongeraient ou perdraient leur centre, ce qu'on ne pourrait réparer qu'en les tournant de nouveau.

Ces pointes bien roulées et par conséquent bien finies, on tourne avec la pointe du burin la tête de l'arbre, en observant qu'elle soit bien ronde dans toute sa surface. On en fait ensuite disparaître les traits avec la face du burin et avec une de ces limes en fer que l'apprenti doit avoir préparée, en apprenant à limer ; laquelle, imbibée de pierre du Levant, pulvérisée et détrempée avec de l'huile d'olive, achève d'adoucir la tête de l'arbre, où l'on n'aperçoit plus la moindre trace des traits de burin. Mais en faisant cette opération, on veillera à ce que la pierre à l'huile ne touche pas à la pointe, ce qui la rongerait et l'altérerait. La tête de cet arbre se polira, en commençant à bien l'essuyer pour qu'il n'y reste pas de pierre à l'huile dessus ni à sa portée. On prend pour cet effet, une lime en fer avivée à neuf, bien plate, avec une lime rude; et pour qu'elle le soit davantage, on met sa lime en fer en travers. Elle trace dans cette position des traits où la pierre à l'huile se loge, et elle mord mieux sur la pièce à adoucir. On détrempe un peu épais de la potée d'étain avec de l'huile. On en applique de nouveau un peu sur la lime en fer ravivée à neuf, que l'on fait mouvoir ensuite sur la tête de l'arbre, jusqu'à ce qu'elle soit bien polie. On ajuste et on fixe bien au milieu de cette tête, son cuivrot, que l'on doit avoir préparé d'avance. L'on ôte ensuite celui qui est sur la tige; la petite pointe se roule alors et se tourne comme la précédente. La portée de cet arbre se tourne imperceptiblement creuse jusqu'au collet du corps de l'arbre, que l'on rend parfaitement rond et presque cylindrique dans toute sa longueur. Les traits disparaissent à l'aide de la face du burin, et de la lime en fer bien avivée. La pièce est entièrement adoucie lorsqu'il n'y reste plus de traits. Dans cette opération, il faut passer la lime en fer bien droite à la face de la portée, afin de s'habituer à faire des faces bien plates; ce qui est très-important en horlogerie. C'est alors que l'arbre qui ne doit pas se polir est entièrement fini.

MANIÈRE DE FAIRE DES VIS.

C'est en s'exerçant à divers ouvrages au tour, que l'ouvrier se formera la main ; qu'il fasse donc les petits outils d'acier, dont nous allons traiter, qui sont autant nécessaires que ceux dont il a déjà été parlé ; des tourne-vis de toute grosseur ; qu'il burine des montures d'outils, telles que le goût les inspire, des pointeaux à dériver les pignons, des verges, et beaucoup d'autres, destinés à perfectionner l'ouvrier.

Pour faire des vis, l'on coupe plusieurs petites tiges d'acier, de la longueur d'environ trois pouces, la tête faite et montée d'un cuivrot, comme celle d'un foret ; à l'autre extrémité, on lime sur le bout opposé un petit tigeron à huit pans, presque cylindrique, long de deux lignes, que l'on tient bien au centre du bout de cette tige ; le petit tigeron s'ajuste aux trous de la filière dont on veut se servir ; on en lime le bout un peu en cheville, pour qu'il entre seulement au travers du trou, afin qu'en taraudant il devance la filière, et soit en état d'être utilisé en cas que le tigeron à tarauder ne casse dans la filière : accidens bien fréquens chez l'apprenti, qui se sert alors du petit bout excédent pour faire sortir le tarau cassé, par le côté où il est entré; alors on n'est pas obligé de percer le trou de la filière, ce qui en mange les pas ainsi que les outils, qui sont très-coûteux; on en est quitte pour refaire un petit tigeron, par les mêmes procédés, en lui laissant la grosseur convenable au trou; il s'imbibe d'huile et se taraude, de manière que les pas soient bien pleins d'un bout du tigeron à l'autre : ce qui l'allonge nécessairement.

Si ces pas venaient à se manger dans le trou, on y repasserait son tarau carré, qui les dépâte et les nétoye. Le tigeron une fois bien taraudé, on lui fait une pointe au bout et bien dans son centre. La tige se place sur le tour, et on se sert d'un archer faible. Il faut d'abord s'assurer si le tigeron est bien droit; s'il ne l'est pas, on frappe sur le bout de la longue tige, près le tarau, du côté où est la bosse. La pointe se rétablit au centre, et le tigeron est droit, s'il tourne bien rond. La tête de vis se forme alors avec la pointe du burin, et l'on doit se régler pour cette tête, sur la forme qu'on veut donner à la vis. Il en est de deux sortes, différenciées par leur tête; l'une s'appelle vis noyée, et l'autre vis plaquante; parmi ces dernières il en est qui sont noyées quoique plaquantes; telles sont les vis de potence et celle de coq.

Les vis noyées ont la tête conique du côté du tarau, et ordinairement convexes sur le dessus de leur tête; c'est ce que l'on appelle gouttes de suif; il en est aussi de plates sur la tête. Les autres vis, quoiqu'ayant des têtes de forme et de hauteur différentes, ont une portée plate du côté du tarau : ce qui les rend propres à bien plaquer dès qu'elles sont serrées. Quand elles ont la forme et les proportions qui leur conviennent, on les coupe sans les séparer du tigeron, où elles doivent tenir par un petit jet que l'on fait à la pointe du burin, plus petit que le tarau; ce qui donne l'aisance de le placer à la filière jusqu'à sa fin. Ce petit jet se cassant par cette opération, sa trace laisse la facilité de trouver le milieu pour fendre la tête de la vis.

Voici cette opération : on tient ferme la filière de la main gauche. La pointe du tarau de la vis s'appuie sur le bois à limer, qui est fixé à l'étau. De la main droite on prend une lime à fendre, avec laquelle on fend bien droit et dans son centre, le milieu du petit jet qui reste ainsi que la tête, à l'épaisseur d'une bonne carte; incision suffisante pour que le tourne-vis n'échappe pas en la serrant ou la desservant : cet état constitue la qualité et la grâce de cette tête de vis. Lorsque cette vis est ainsi fendue, on fait disparaître ce qui reste

du petit jet, avec une lime bien douce ; alors on
y passe le brunissoir, avec lequel on fait disparaître tous les traits ; ensuite on l'ôte de la filière
avec le tourne-vis, et on lui donne la teinte bleue
à la flamme de la chandelle, après l'avoir placé
sur un revenoir, troué exprès, qui lui est propre.

DES TOURNE-VIS.

Pour continuer de se former la main au tour,
l'apprenti fera des petits outils d'acier, dont il doit
se servir fréquemment. De ce nombre sont d'abord
les tourne-vis de diverses grosseurs, susceptibles
de recevoir des moulures variées, selon son goût
(voyez page 53 de cette feuille). Il faut ensuite
que l'apprenti s'applique à tourner bien rond, de
très-fines tiges, comme celles qui s'adaptent aux
petits pignons. Les tigerons de verge entrent aussi
dans la classe des pièces fines. Cette fabrication
tendra à lui perfectionner la main au tour. Il se
servira pour ce sujet, de bouts d'aiguilles anglaises
fines, qu'il cassera, pour leur laisser seulement
sept à huit lignes de longueur. D'abord il commencera par leur donner la couleur bleue, et leur fera
une petite pointe à chaque bout, près l'une desquelles il fixera un petit cuivrot à vis. Il monte

cette petite pièce sur le tour, avec un archet de
crin, qui ne soit pas trop fort. Cette pièce se
tourne à petits coups de pointe. L'apprenti peut
ensuite s'essayer à faire des pivots aux bouts,
comme il va lui être enseigné dans l'article suivant, sur lequel l'apprenti se réglera pour ce
genre de travail.

DES PIVOTS.

Ces pivots demandent beaucoup d'exercice; aussi
l'ouvrier, comme l'apprenti, doivent en faire de
temps à autre, pour que la main ne perde point
cette légèreté que demande la délicatesse de cette
pièce.

On tourne donc de petites tiges faites de bouts
d'aiguilles anglaises fines, que l'on aura fait revenir bleues; on les pointe; on tire à la pointe du
burin et cylindriquement, un pivot long comme de
l'épaisseur d'un liard, que l'on diminue jusqu'aux
deux tiers de la grosseur de la tige. On place
ensuite, dans la poupée gauche du tour, une
pointe à rouler les pivots; on y ajuste la tige, le
pivot dans la coche, où il porte droit et d'à-plomb;
la portée de la tige, peu distante de la pointe
du tour, sans qu'elle y touche; la tige montée

de son cuivrot et de son archet de crin, que l'on
agite de la main droite. Alors, ayant de là gauche
une lime à pivot, que l'on nomme ainsi, parce
qu'elle ne s'emploie que pour ce genre de travail,
on l'applique droit et d'à-plomb sur le pivot à
rouler, sans trop appuyer. Elle se pousse hardi-
ment ; cette direction se conservera en soutenant
bien la main, de manière que la lime ne puisse
pencher, ni à droite, ni à gauche, ni obliquement.
Avec ces précautions, le pivot sera parfaitement cylindrique et réduit à la grosseur convenable, et sa portée sera bien plate. On prend
ensuite le brunissoir à pivot, dont on se sert,
en le faisant mouvoir dans le même sens que
la lime que l'on vient de quitter, jusqu'à ce que
la pièce soit parfaitement cylindrique, bien brunie
et sans traits, ainsi que sa portée. On fait, à
cette dernière, un biseau avec la pointe du burin,
que la face de ce même burin sert ensuite à
unir. Ce biseau ne sera ni long, ni trop court,
mais assez conique pour que la portée ne soit
pas trop large, afin d'éviter un frottement trop
fort. Le brunissoir s'emploie ensuite pour enlever
la bavure de ce biseau ; après on ôte la pointe
à rouler de la poupée, que l'on remplace par
une autre pointe de cuivre, dite pointe à *lanterne.*
Ce nom lui a été donné, parce qu'elle a une petite
plaque trouée à son extrémité, qui est presque

du même diamètre et par conséquent de la même circonférence que la pointe, et dont elle est séparée à son centre, par un tigeron, qui a le quart de la grosseur de la pointe. Le pivot se place dans l'un des trous de cette pointe, soit pour le raccourcir, s'il en est besoin, soit pour l'arrondir par le bout. En employant, dans ce dernier cas, une petite lime douce à arrondir, un peu usée, avec un brunissoir de la même force que la lime, on brunit bien le bout du pivot jusqu'à ce que sa bavure soit parfaitement enlevée, afin qu'il ne gratte point. On reconnaît que ce pivot est entièrement débarrassé de sa bavure, en le frottant sur l'ongle ; s'il la raye, il faut y repasser le brunissoir, jusqu'à ce que ce défaut n'existe plus. S'il s'agit de raccourcir le bout, on le limera avec la lime à pivot, en agitant l'archet, et on en arrondira et brunira le bout.

DESCRIPTION

DES POINTES A ROULER LES PIVOTS.

La pointe à rouler les pivots a les deux bouts plats, ayant à chacun d'eux une entaille de la longueur de six lignes, qui va jusqu'à la moitié de son diamètre. Cette entaille est de nouveau creusée d'une demi-ligne, en ménageant au bout une petite élévation de l'épaisseur d'un quart de ligne, à laquelle il ne faut point toucher en limant l'entre-d'eux, bien droit et bien plat. On perce dans le milieu de cet entre-deux, un petit trou bien droit que l'on taraude également droit, et où l'on ajuste une vis plaquante, dont la tête plate est égale en hauteur à la petite élévation ménagée au bout de la pointe. On fait dans le milieu de cette dernière, une petite coche de la même profondeur dans toute sa longueur ; mais elle ne doit avoir que la profondeur nécessaire, pour loger seulement la moitié du corps du pivot, qui doit toujours saillir. On trempe bien dur les deux bouts de cette pointe, que l'on adoucit ainsi que ses coches, qui, sans cette précaution, raye-raient les pivots et les rendraient défectueux. Les vis se trempent et s'adoucissent ; elles doivent avoir été précédemment ajustées de façon qu'elles ne débordent pas les pointes.

L'apprenti peut se livrer jusqu'à l'ennui, à l'oc-cupation continuelle des mêmes objets, quoiqu'il ne soit pas encore parvenu à leur donner la per-fection qu'ils exigent. Il sera besoin de le tirer de cet état qui pourrait le conduire au dégoût, en lui donnant d'autres pièces à fabriquer, qui, en lui offrant de nouvelles difficultés, pourront flatter son amour-propre en se croyant capable de faire autre chose, et par-là exciter son émulation. On peut donc l'exercer sur les croisures des roues, ainsi que sur celles des balanciers que l'on a précédemment tournés, et que l'on sacrifie pour son instruction. On fend alors ces roues qui doivent lui servir plus tard, pour apprendre à égaliser et à arrondir les dentures ; mais avant tout il faut les croiser.

DES CROISURES.

Les croisures ou jours qui donnent plus de grâce et moins de poids aux roues, ne s'opèrent que sur celles du centre, ordinairement divisées en cinq, et appelées grandes roues moyennes, qui diffèrent de la petite roue moyenne, laquelle se divise en quatre. Les roues de champ sont divisées aussi en quatre ; celles de rencontre et les balanciers le sont en trois.

Ayant tracé sur les roues plates, le cercle plein qui doit exister entre le fond de la denture et le trait, pour le bord extérieur de la croisure ; si c'est une roue de centre, vous divisez bien juste ce dernier trait en cinq parties, avec les pointes d'un compas bien pointu. Ces cinq points seront un peu profonds, afin qu'ils soient plus apparens et qu'ils marquent le centre des barettes, pour que chacune d'elles ne soit pas plus portée d'un côté que de l'autre; observant que ces barettes seront égales en largeur : cela étant de rigueur. Alors vous chercherez sur le trait de circonférence le juste milieu entre chacun desdits points, que vous marquerez, pour l'indiquer, d'un autre point à chaque croisée (ce qui les subdivise en dix); ensuite vous fermerez votre compas de l'épaisseur d'un quart de ligne; vous placerez une de ces pointes sur un des cinq derniers points marqués, et avec l'autre pointe vous tracerez un demi-cercle intérieur, partant de l'un des points de barettes pour aller se terminer près de l'autre point de la barette suivante, dont le point où pivote le compas, est le centre; ce qui doit être répété à chaque croisée, suivant la division de la roue.

Vous tracerez ensuite diamétralement, par une ligne droite partant du milieu d'un des points de barette à aller rejoindre le juste milieu du trou du centre de la roue, un trait sur chacune des cinq barettes, afin de toujours en reconnaître le milieu : ce qui termine le tracé de la roue du

centre, en observant que ce moyen de tracer s'o-
père aussi sur les roues divisées en quatre ou en
trois. En opérant ainsi, toutes les barettes de
cette roue auront une largeur parfaitement égale,
et seront toutes à la même distance du centre de
la roue : ce qui est de rigueur pour que cette roue
soit dans un parfait équilibre.

On prend ensuite un ébisloir, avec lequel on
marque sur chaque croisée à évider, trois points
assez distans des traits pour que l'on ne puisse
les offenser en perçant les points. Les trous s'élar-
gissent avec un équarrissoir, en observant toujours
de ne point toucher aux traits. Le trou du milieu
peut être plus grand que les deux autres. On les
fait communiquer ensemble, en employant la lime
dite *queue de rat,* si l'équarrissoir n'a pu y parvenir ; par-là on obtient le passage d'une lime
dite feuille de sauge, demi-rude, pour enlever
le plus gros de la matière, jusqu'auprès des traits
qu'il ne faut pas atteindre.

Mais on observera de limer bien droit : on
prend ensuite une pareille lime, mais plus douce,
qui sert à achever la croisée, en limant bien droit,
jusqu'aux traits que l'on fait disparaître sans les
dépasser ; ce qui est d'une extrême rigueur. Sans
cette précision, la pièce serait défectueuse.

Les évidures bien finies à la lime, on tire de long et bien plat, l'intérieur des croisées, en ayant soin de ne pas les altérer, c'est-à-dire, qu'il ne faut qu'effacer les traits de la lime que l'on vient d'employer. On se sert ensuite d'un petit bois de guarais, taillé en forme de lime dite feuille de sauge, dont un bout sera trempé dans de la ponce à l'huile, avec lequel on frotte bien plat l'intérieur des barettes, toujours en les tirant de long, pour en effacer les traits de lime. Ceci achevé, la pièce se nétoie avec une brosse et du blanc de Meudon; et pour que l'intérieur des barettes soit propre, on les nétoie avec un bois en forme de lime feuille de sauge, et on les polit avec un autre bois neuf ou du rouge à polir, ou on les brunit enfin avec un brunissoir feuille de sauge; et la croisure est achevée.

On emploie le même procédé pour les autres roues, quoique leurs divisions soient différentes, excepté que le bord du champ, par-dessous les roues de champ et de rencontre, doit être limé un peu en biseau; c'est-à-dire, que le champ doit paraître moins épais qu'il ne l'est réellement; cette épaisseur qui reste est ménagée à son centre intérieur, pour donner du corps au champ ainsi qu'au pied de la denture, qui, aux roues de champ et à celles de rencontre, doit être moins épaisse à la pointe qu'au pied, afin que l'engrenage des roues de champ soit plus doux, et que la roue de rencontre soit moins susceptible d'accrochement.

Les roues de la quadrature et de la fusée ne se croisent pas ; cette dernière sera décrite à l'article qui traite de l'ébauche d'un mouvement.

L'apprenti bien instruit dans la manière de faire et d'achever une croisure, sur ces roues sacrifiées pour lui former la main, doit apprendre à bien égalir, à la main, les dentures ou leviers, qui doivent être parfaitement droites ; leur circonférence et leur épaisseur demandent la même conformité : la moindre inégalité dans ces dimensions, rendrait la denture difforme, et lui ferait perdre sa bonté.

Mais en parlant d'égalir les dentures, on n'écrit ici que pour l'artiste des provinces, attendu qu'il existe un outil très-coûteux dans la fabrique, avec lequel l'ouvrier qui sait s'en servir, peut aisément et avec promptitude égalir et arrondir les dentures. Mais le mouvement de cet outil est difficile à saisir, au point que celui qui sait l'employer comme il le faut, s'en fait un état.

MANIÈRE D'ÉGALIR LES DENTURES.

Pour cette opération on place la roue sur le petit bout d'un arbre-lice, où elle doit être bien tenue et très-droite ; elle se fixe ensuite sur le tour ; la pointe de ses dents se tâtera avec une lime douce, qui touchera partout, en agitant l'archet : ce qui rendra encore son bord parfaitement rond, pour que l'engrenage ait à son tour une égalité très-régulière. Examinant alors quelle est la dent la plus enfoncée, on fixera sur le bord du fond de cette dent, un trait avec un burin bien affûté et bien pointu, en faisant mouvoir l'archet. On tirera autour de la roue un trait qui doit être étroit et profond, qui, loin d'ôter la grâce à l'ouvrage, contribue à lui en donner. Ce trait est utile à l'ouvrier : il sera son guide pour ne pas donner plus de fond à une dent qu'à l'autre ; ce qui serait une difformité qu'il est bon d'éviter.

On égalira ensuite cette roue de la manière suivante ; mais ce travail demande beaucoup d'exercice, sans lequel on peut gâter plusieurs roues : inconvénient qui ne doit cependant pas causer de découragement.

Cette roue, simplement fendue à l'outil, doit avoir un peu plus de plein que de vide, afin qu'en l'égalisant ou puisse la réduire de manière que le vide soit égal en épaisseur au plein : ce qui est de rigueur pour faire un bon engrenage.

Ce travail se commence en fixant à l'étau une plaque de cuivre, large de six à huit lignes, longue d'environ trois pouces et suffisamment épaisse pour qu'elle ne fléchisse pas sous la pression et le mouvement de la lime. Au centre d'une des extrémités de cette plaque, on perce un ou plusieurs trous, par échelons, et un peu près les uns des autres, afin qu'ils puissent servir à plusieurs grandeurs de roues. L'extrémité de la plaque opposée à celle où l'on a percé les trous, se met dans l'étau, bien droit, saillante d'environ deux pouces, et on la serre fortement : ce qui sert de point d'appui.

La roue s'y plaque de la main gauche, dont on la soutient jusqu'à ce que tout soit prêt pour l'égalir. Cette roue doit être sur son arbre, dont le petit bout entre dans l'un des trous de la plaque, de façon qu'elle y soit elle-même plaquée, et que le fond de la denture excède un peu le bout de cette plaque ou outil. On prend ensuite une lime, dite *à égalir*, que l'on doit avoir choisie d'avance.

Cette lime doit entrer avec un peu de résistance dans l'entaille des dents, afin de les redresser en l'enfonçant si elles sont couchées, et de diminuer de largeur celles des dents qui en ont trop. Une plate-forme mal divisée, ou un outil à fendre mal dirigé, occasionne cette irrégularité.

On doit tenir la lime de la main droite, dont le côté se place dans une des entailles de la denture la plus au centre de la superficie de l'outil contre lequel on plaque la roue que l'on a d'abord fixée à l'étau, et la lime doit porter plus sur la dent la plus large, que sur la plus étroite; il faut la pousser et la retirer extrêmement droit; elle ne doit point vaciller; elle ne doit pencher ni en avant ni en arrière, et ne se porter ni sur la droite ni sur la gauche. On l'enfonce en la conservant bien dans cette position directe, jusqu'à ce qu'elle soit arrivée au bord du trait qui marque le fond de la denture, et on doit également y arriver à chaque dent. Ce trait s'effleure légèrement, car on ne doit presque point y toucher. Cette opération faite à chaque dent ou levier, il faut s'assurer à l'œil, si la denture a autant de vide que de plein. Si cela est, si elle est bien droite, et si les fonds de chaque dent sont bien plats, leurs angles vifs rendent la roue parfaitement égale. Si elle avait plus de plein que de vide, on y repasserait une autre lime, un peu plus épaisse, et l'on opérerait avec jusqu'à ce que la roue fût parvenue à cette proportion, laquelle contribue à la confection d'un bon engrenage.

Une fois arrivé à ce point de légèreté et d'adresse qui caractérise le bon ouvrier, en mettant bien égale cette denture, il faut qu'il sache bien l'arrondir à la main.

MANIÈRE D'ARRONDIR LES DENTURES.

La roue se tient de la main gauche, de même que pour égalir; de la droite on a une lime à arrondir, qui s'applique à plat sur un angle du bout des dents. La lime doit se pousser droit et non oblique, et ne doit point vaciller; elle ne doit aller ni en haut ni en bas. Ces trois faces faites dans cette proportion à toutes les pointes de chaque dent, il faut, avec la même lime et selon la même méthode, effacer les autres petits angles qui s'y trouvent multipliés. Mais il faut bien veiller à ce que *le feu du tour* du bout du centre de la dent ne soit jamais atteint par la lime, pour ne pas diminuer la roue de son diamètre; d'où il s'ensuivrait l'inégalité des dents, et par conséquent un faux engrenage. Ces facettes de la dent une fois disparues, on limera en arrondissant des deux côtés, en tenant toujours le *feu* au centre, qui doit même paraître superficiellement lorsque l'on a fini d'arrondir.

Les dents uniformément arrondies, camuses et non pointues, toutes d'une égale longueur et largeur, on se sert d'un brunissoir qui a la même forme de la lime à arrondir, dont on vient de se servir pour brunir les côtés de *l'arrondissage* des dents, en ayant soin surtout de bien effacer les traits de la lime : ce qui garantit d'un frottement trop dur, et qui par conséquent adoucit l'engrenage. Pour brunir plat le fond de chaque dent, il faut se servir d'un brunissoir qui a la forme de la lime à égalir, ce qui termine la denture ; et cette pièce sera achevée, quand on aura mis la roue à l'épaisseur qui lui convient, pour l'adoucir et la polir. Toute roue portant un axe dentelé, connu en Horlogerie, sous le nom de *pignons portant des nombres*, ces nombres étant variés en qualités et grosseurs et de différentes constructions, le mécanicien doit savoir les faire, chacun selon les proportions que demande la quantité de leurs ailes ou dentures.

Ces proportions sont pour les pignons des montres, ainsi qu'il suit ; savoir : les pignons de douze sont de cinq dents, prises par les fines pointes des dents de la roue qui doit y engrener ; les pignons de dix sont de quatre dents pleines, prises par le flanc des dents de sa roue d'engrenage ; ceux de huit ont quatre dents de pointe ; les pignons de sept ont trois dents pleines ; et ceux de six trois dents de pointe. On observera que ces proportions doivent être tenues plutôt un peu justes que trop grandes. C'est une attention qu'il faut avoir particulièrement pour toutes les roues et principalement pour le pignon de la roue de rencontre, dont les ailes doivent être un peu minces, en raison de la délicatesse de son engrenage, qui ne doit avoir que de très-faibles frottemens.

MANIÈRE DE FAIRE LES PIGNONS.

On prendra plusieurs tiges d'acier à pignons, de plusieurs nombres et grosseurs, dont on coupera des bouts proportionnés à la longueur de l'axe que l'on veut faire. Cette longueur doit aussi être en rapport avec le plus ou moins de force de son action ; car le pignon du *centre* d'une montre sera bien plus long que celui d'une petite roue moyenne, par la raison que ce premier pignon doit porter le pignon dit *de chaussée*, lequel est d'ailleurs creux au centre dans toute sa longueur, et qu'il tient à frottement sur la longue tige du pignon du centre, pour porter au carré formé à ladite chaussée, l'aiguille des minutes, et par-dessus cette chaussée, entre elle et le cadran, porter la roue des heures, qui est mise en mou-vement par une autre roue, portant un pignon nommé *roue de renvoi*, qui engrène elle-même par sa denture dans le pignon de chaussée, lequel communique par son pignon sans engrenage, avec la roue des heures; mouvement général, qui a pour moteur la longue tige du pignon du centre.

Pour fabriquer plusieurs de ces axes ou pi-gnons, on les coupe sur leur tige, de la longueur de dix lignes environ; on taille vers le centre, la partie dentelée qui doit y rester, et on enlève le surplus, sans endommager cette denture.

Pour cette opération, on fixe le bois à limer, à l'étau; la tige d'acier à pignon se tiendra de la main gauche, son bout saillant sera appuyé sur le bois à limer. De la main droite, on tient une lime à feuille de sauge ou à fendre; on taille alors le pignon, en observant de laisser intacte la partie qui doit rester dentelée; on entaille seulement les ailes, tout autour de la tige, sans en endom-mager le corps. Le pignon ainsi tracé sur la tige, on l'en détache par le moyen d'une entaille faite à l'extrémité, par laquelle il tient eucore à la tige, en limant tout autour. Cette entaille se fait avec une lime feuille de sauge ou à fendre; alors, avec une pince à boucle, dite *pince à coulisses*, on dégarnit ensuite la tige des ailes inutiles, en les cassant avec la pièce; on lime plat, avec une lime carrelette douce, chaque feu d'aile cassée, sans toucher au feu d'entre deux ou fond du pignon. On limera un peu en cheville la moitié de chaque tige, vers ses extrémités, auxquelles on formera une pointe, le plus cylindriquement possible, ce qui se fait sur le bois à limer, avec une lime carrelette. Il ne reste plus qu'à bronzer le pignon sur un revenoir, au feu de la chandelle, afin de voir clairement les ailes qui toucheront et celles qui ne toucheront pas, lorsqu'on en fera l'essai sur le tour. Ce pignon ainsi ébauché, on ajuste sur le bout d'une des tiges, le cuivrot le moins grand possible, afin de tourner le pignon bien rond. On le monte sur le tour, on se sert d'un archet de crin, d'une force moyenne, on imbibe les pointes d'huile pour qu'elles ne se rongent point, ce qui les ferait sortir ou décentrer. On prendra une tige de cuivre taillée en forme de burin, avec laquelle on tâte légèrement les ailes du pignon aux deux extrémités, en agitant l'archet. Cette opération conduit à connaître celle des ailes qui touche plus d'un côté que de l'autre,

et à distinguer celles qui touchent et celles qui
ne touchent pas, afin de pouvoir parvenir par les
pointes à mettre le pignon rond et non autrement.

Une des qualités les plus essentielles de ces pignons est qu'ils soient parfaitement ronds; sans
cela on aurait de faux engrenages, et par conséquent des arrêts ou des variations. Pour éviter
ce vice, on commence par s'assurer si ce pignon
ne ballotte pas dans ses pointes de tour; épreuve
qui se fait en le touchant selon la méthode que
l'on vient d'indiquer. On lime le bout des pointes,
du côté opposé à celui où le pignon touche le
plus fort, jusqu'à ce que l'on soit parvenu à l'arrondir parfaitement. On observe, en les tournant,
si, à la face ou sur les tiges, les pointes, faute
d'huile ou par quelqu'autre accident, ne se sont
point déjetées; dans ce cas il faut les recentrer
de nouveau.

Etant parvenu à obtenir une rondeur parfaite,
les deux faces du pignon se tournent plat, en
observant de ne laisser de hauteur aux ailes de
pignon, que celle qui leur est convenable, tant
pour elles que pour les rivures qui doivent y être
pratiquées; et du côté de la plus longue tige,
joignant la face de ce côté, on y formera donc
la rivure, en diminuant au burin d'acier la moitié
de la hauteur du bout de ses ailes, sur un quart

de leur longueur, et en maintenant la forme cylindrique de la rivure. Pour placer la roue du
centre, on fait une creusure profonde à cette rivure, à ras le corps de pignon, pour que ses
griffes alors pointues se rabattent facilement sur
la roue, afin de la rendre fixe et immobile quand
il le faudra. Cela fait, on tournera seulement les
tiges bien rondes, que l'on diminuera le moins
possible; surtout près le pignon. Les ailes de pignon se mettent ensuite à hauteur suffisante, c'est-
à-dire qu'elles ne doivent être ni trop hautes,
pour qu'elles aient toute la grâce nécessaire, ni
trop basses, afin que la denture de la roue de
fusée puisse s'y engrener de toute son épaisseur.

La pièce ainsi ébauchée se détache du tour;
on enlève son cuivrot, en ménageant surtout ses
pointe : soin que l'on doit avoir pour celles de
tous les pignons. On prend alors une lime dite
à efflanquer, proportionnée à la forme que l'on
veut donner à cette pièce.

Il y a trois sortes d'ailes de pignons à montres,
savoir : les pignons efflanqués, dits *en planches*;
les pignons efflanqués, dits *en demi-planche*;
enfin les pignons efflanqués, dits *en grains d'orge*.
Leurs ailes bien proportionnées et soignées font
de très-bons engrenages. Il y une quatrième espèce
de pignons, dits *à lanternes*, qui ne s'emploient

que dans la grosse Horlogerie, et qui font aussi un très-bon engrenage. Pour donner les diverses formes aux pignons, il est un choix d'outils pour chacun d'eux, qui consiste à se munir de limes à efflanquer, proportionnées à l'épaisseur de chaque pignon. Ainsi, les pignons grains d'orge veulent une lime large du tranchant. La lime doit être mince pour ceux en planches, un peu plus épaisse que cette dernière pour ceux en demi-planche ; mais cette lime ne doit entrer à frottement, que tout au plus à moitié de l'entre-deux des ailes. Il faut placer debout un morceau de bois, saillant de deux ou trois pouces, entre les mâchoires de l'étau ; il doit y être fortement fixé, comme devant servir de point d'appui. De la main gauche on tient le pignon avec le bout du premier doigt et le pouce, que l'on appuie sur le bois serré dans l'étau. De la main droite on applique perpendiculairement le tranchant de la lime à efflanquer, dans l'entre-deux d'une des ailes du pignon, maintenu lui-même parfaitement droit. Le pignon fixé par la pression du doigt et du pouce, on fait aller la lime droit ; et dans cette direction, son tranchant doit masquer le bout des deux pointes. L'obliquité qui en résulterait, si l'on s'écartait de cette manière d'appliquer et de faire mouvoir la lime, causerait une défectuosité nuisible. Ainsi on aura grand soin que cet outil ne

penche ni en avant ni en arrière, ni qu'il se porte
plus de droite que de gauche ; et l'on observera
cette manière de l'employer, jusqu'à ce qu'il ait
atteint le bout du pignon, qui ne doit être seulement que blanchi par son contact. Cette opération se réitère dans chaque aile, en observant
de ne pas faire mordre la lime plus sur l'une
que sur l'autre, afin que le fond de chacune soit
parfaitement égal en profondeur, et qu'ils abou-
tissent au niveau des tiges qui ne doivent être
qu'imperceptiblement tracées ; en observant de conserver auxdits ailes la même épaisseur.

La proportion de la grosseur du pignon ayant
été déterminée d'avance, les ailes doivent avoir
un peu plus de vide que de plein ; on leur conserve
toujours la même épaisseur, en les efflanquant ;
on s'assure si elles sont réduites à la proportion déterminée ; et s'il y a trop de plein, on
repassera une lime plus épaisse dans le même pignon, jusqu'à ce que l'on soit parvenu au but
que l'on s'était proposé. Pour cette seconde opération, il faut tenir exactement la lime de la manière que l'on vient d'indiquer pour la première.
Cette parité d'épaisseur et de profondeur doit
être rigoureusement observée, si l'on veut avoir
un bon engrenage ; ce qu'empêche un pignon trop
plein, qui occasionne encore des arrêts par des

frottemens trop forts : inconvénient que n'ont pas
les pignons trop maigres, pourvu néanmoins que
cette maigreur ne soit pas excessive, ce qui nuit
à leur force.

Les ailes se mettent à une égale épaisseur, avec
une lime à arrondir, peu épaisse et propre à
l'acier. On commence à reconnaître l'aile la plus
mince ; elle doit servir de modèle pour réduire
les autres à la même dimension. Cette opération
se fait avec la même lime qui s'applique également
ment des deux côtés, jusqu'à ce qu'on soit parvenu à obtenir le résultat cherché, en ménageant
le fond d'entre les ailes, qui sera toujours maintenu bien plat ; ses angles doivent être vifs. Alors
il ne reste plus qu'à lui faire *l'arrondissage*, formé
en partie sur la filière dans laquelle l'acier a été
tiré d'avance ; mais n'étant encore qu'imparfait,
il doit être fini à la lime à arrondir.

ARRONDISSAGE DES PIGNONS.

Avec une lime à arrondir, proportionnée à la
pièce que l'on est en train de confectionner, on diminue des deux côtés les petits angles qui ont
été formés à la tête de chaque aile du pignon,

par la lime à efflanquer ; en observant de donner
aux ailes une largeur au moins aussi grande que
le haut du corps de chacune d'elles. Cet arrondissage exige une grande régularité sur le dessus
de l'aile ; cette régularité ne s'acquiert qu'en limant autant d'un côté que de l'autre le rond
de cette tête sur laquelle on doit exactement se
modeler pour les autres. On effleure simplement
le centre qui ne doit être que blanchi, pour effacer
juste les traits faits par la filière. Sans cette précaution, le pignon n'aurait plus une rondeur exacte,
l'épaisseur elle-même serait disproportionnée ; d'où
il résulterait un grand défaut.

TREMPE DES PIGNONS.

Cette ébauche faite, la pièce est en état de
recevoir la trempe qui doit être très-dure. Pour
cette trempe, on suit le même procédé que celui
prescrit pour la trempe des arbres-lices ; c'est-
à-dire qu'elle se fait au chalumeau ; on la dé-
roche à la ponce en pierre, mouillée avec la salive,
dont on frotte la tige et les ailes de pignons, pour
en faire disparaître le feu. Le pignon se met sur
un revenoir que l'on expose à la flamme d'une
chandelle, jusqu'à ce qu'il soit devenu bleu ; et

sans lui laisser le temps de prendre une nuance plus foncée, on le plonge de suite dans l'eau froide ou dans l'huile, ce qui le rend suffisamment recuit et dur.

Sur le bout d'une des tiges, on replace un cuivrot, et la pièce se fixe sur le tour, afin qu'en la touchant avec le burin de cuivre, on puisse reconnaître si la trempe ne l'a pas faussée. Dans ce dernier cas, on rétablit les pointes dans la rondeur qu'elles devaient avoir, selon la méthode qui vient d'être expliquée. Il ne reste plus qu'à adoucir la pièce, ce qui s'exécute de la manière suivante.

On affûtera triangulairement un morceau de bois blanc, ou de fusain ou garai, auquel on donnera une longueur d'environ sept pouces, y compris la poignée que l'on garnit d'un peu de pierre à l'huile, pulvérisée et détrempée dans de l'huile un peu épaisse. On aura enlevé le cuivrot, avant de passer le bois dont on se servira, de la même manière que la lime à efflanquer, jusqu'à ce que tous les traits soient disparus, tant sur les ailes qu'au fond du pignon : ce qui étant exécuté, la pièce se nétoyera avec une brosse douce et du blanc ; on repassera un bois neuf pour en ôter la crasse, et on la brossera de nouveau pour qu'elle prenne bien le poli.

Pour ce poli, on se sert d'un semblable bois neuf, garni d'une petite quantité de rouge d'Angleterre ou de potée d'étain détrempée un peu épais avec de l'huile d'olive : on le presse dans le pignon de la manière déjà indiquée ; on essuie de nouveau la pièce, on raffûte le bois, on le regarnit de la matière et on le repasse une seconde fois dans les ailes. La pièce acquiert, par cette opération, un plus beau poli ; il ne reste plus qu'à les nétoyer avec une brosse bien propre ou du bois pourri bien sec.

Ce polissage étant terminé, le cuivrot se replace sur la petite tige que l'on met sur le tour, afin d'en diminuer la longue tige de moitié, dans toute sa longueur, en lui ménageant seulement, près de la rivure, une portée ou élévation provisoire, c'est-à-dire, un peu plus haute qu'elle ne doit y rester.

On commence à l'aide du burin par mettre sur le tour le corps de ce pignon de la hauteur convenable, c'est-à-dire, que la roue qui y engrènera ne puisse déborder les pointes de ces ailes, qui ne doivent pas non plus être beaucoup plus hautes que l'épaisseur des dents de cette roue. C'est alors que vous diminuerez cylindriquement la petite tige dans toute sa longueur des deux tiers de sa gros-

seur, ras la face du pignon, qui par ce travail doit être amené à devenir imperceptiblement
concave. On fait alors une creusure profonde à
la face de ce pignon, dans l'épaisseur qui se trouve
entre le fond de la tige et le pied des ailes qu'on
entamera superficiellement à leurs pieds, ce qui
par la suite donnera naissance à un petit filet qui
doit être presqu'imperceptible, ras les pieds des-
dites ailes, formant le rebord de la creusure : ce
filet, lorsque la face sera finie d'être adoucie,
ne commencera qu'à paraître très-faiblement, ce
qui donnera de la grâce à cette face lorsqu'elle
sera polie.

La face s'adoucit et se polit de la manière suivante.

DES FASCE DES PIGNONS.

On prendra un petit morceau de tôle recuite,
de l'épaisseur d'un liard et de la largeur d'un
sou ; elle sera surtout limée à la lime demi-rude,
très-plate. On y perce un ou plusieurs trous suffisamment grands pour y introduire la tige, qui
doit y entrer librement ; on dresse des deux côtés
l'antre dudit trou plat, avec une lime carrelette ;
ensuite on passe un équarrissoir dans ce trou,

pour en faire sortir la bavure et la limaille qui peuvent s'y trouver. Il faut que ce nétoyement soit parfait, afin qu'il ne se fasse aucun trait sur la tige; et on ne saurait trop recommander l'enlèvement exact de toutes superfluités, pour éviter un poli rayé, et par cette raison imparfait.

Maintenant la longue tige du pignon étant pourvue de son cuivrot, et montée d'un archet de crin, se place de la main droite, la pointe dans le trou d'une pointe fixée à l'étau, en tenant ainsi la tige; on saisit de la main gauche l'outil à face, et dans un des trous proportionnés à cette tige et garnis de pierre à l'huile broyée, on introduit la petite tige qui s'enfonce jusqu'à la face du pignon; elle doit y plaquer. En mettant ce pignon dans cette position, on appuiera légèrement, on agitera l'archet, en observant de s'assurer continuellement si la face du pignon plaque également sur son outil *à face*, sans néanmoins qu'il y ait trop de pression.

Cette face suffisamment adoucie, on nétoye les ailes du pignon avec une brosse douce et du blanc; on en fait sortir toutes les parcelles de pierre à huile qui peuvent y rester encore, en observant de ne les faire sortir que du côté par où elles sont entrées. On ne frottera point la face du pignon qui se dégraisse et se nétoye ensuite avec une petite boule de mie de pain, dans laquelle on enfonce le pignon à plusieurs reprises, ou avec du bois pourri bien sec, jusqu'à ce qu'il soit bien net. Si d'après cette opération la face est adoucie et si le filet du fond commence à paraître, le pignon est prêt à être poli.

On se servira d'un autre outil à face, où il n'y a point de pierre à huile, et dont le trou est plus grand que celui du premier outil que l'on a employé pour adoucir. Ce trou doit être avivé à la lime douce, bien plat à ses extrémités, bien nétoyé de ses bavures et de sa limaille. On le garnit légèrement de rouge d'Angleterre ou de potée d'étain détrempée avec de l'huile d'olive un peu épaisse. On adopte un cuivrot à ce pignon, qui doit en outre être monté d'un archet, que l'on fixe et que l'on agite, comme on l'a pratiqué pour adoucir, en observant qu'il est de rigueur que le pignon reste constamment plaqué contre l'outil à face, position qui ne demande cependant qu'une légère pression. On ravivera à la lime l'outil à face, et on le nétoiera s'il en est besoin, attendu qu'il est susceptible de se creuser un peu, ou qu'il pourrait frotter la pointe des ailes du pignon : ce qui les arrondirait au bout, lorsqu'elles doivent être plates à leur face. Ce polissage serait donc mal fait et rendrait le pignon difforme, quand même tout ce qui dépend de cette pièce serait dans la plus grande perfection.

Pour nétoyer la face et connaître si elle est bien polie, on prend une autre petite boule de pain, dans laquelle on enfonce le pignon ; il faut prendre garde que cette mie de pain n'ait point quelques grains de pierre à huile, ce qui rayerait la face. Cette opération qui se fait avec la mie de pain, dégrassant la partie sur laquelle on l'applique, on reconnaît si cette même partie est sans traits; s'il en existe, on continue jusqu'à ce que l'on soit parvenu à les effacer entièrement; alors on rive le pignon à la roue qui est prête à être ajustée en cage : ce dont on traitera à l'article de la formation du mouvement.

DU PLAN OU CALIBRE DES MONTRES.

L'apprenti ayant déjà acquis quelque dextérité dans l'exécution des différentes pièces que l'on vient de décrire, pourra alors s'appliquer à la fabrication des mouvemens de Montre, dont il est de la plus grande utilité qu'il connaisse les proportions, et par conséquent qu'il sache en tracer le plan ou calibre.

Il commencera par prendre un carré de cuivre, de l'épaisseur d'une carte, qu'il dressera, adoucira et centrera par le trait carré, au milieu duquel il fera un petit point avec un compas à pointe; en partant de ce point centrique il tracera une circonférence d'après la grandeur du mouvement qu'il veut établir.

Supposons que le mouvement soit de dix-huit lignes de diamètre; largeur beaucoup plus commode pour un apprenti que les plus petits calibres: car, une platine de cette dimension donnant à la cage une certaine élévation, offre plus de facilité pour les proportions des mobiles qui entrent dans la composition de la Montre.

La circonférence tracée, la lime s'emploie pour en enlever l'excédant, sans toucher au trait. L'apprenti tracera ensuite, intérieurement, une seconde circonférence, moins grande que la première de deux lignes et demie; c'est l'espace réservé pour placer les piliers sur la grande platine. Mais le point où ils doivent être posés, ne peut être déterminé qu'après être d'accord sur les proportions des mobiles, afin que leur mouvement n'éprouve aucune gêne par le contact de ces mêmes piliers.

L'apprenti tracera au centre un trait rond, qui

sera de la grandeur de sa creusure, qui doit avoir
à son propre centre une ligne de plus que les
deux cinquièmes du diamètre du calibre ; ce trait
lui marquera la place de la roue du centre ; et
du point du centre du calibre, à une demi-ligne
du rebord, il fera un petit point provisoire, d'où
il partira pour marquer diamétralement et d'une
manière visible le milieu de la distance entre ce
point et celui du centre. C'est la place du trou
de la tige du carré de fusée dont ce dernier point
est le centre, d'où on partira, en conséquence,
pour tracer la circonférence de sa roue de fusée,
en observant que le rebord tracé de cette roue
ne doit approcher le point du centre du calibre,
qu'à une distance d'environ trois quarts de ligne.
De cette manière la portée de l'arbre de fusée
se trouve assez éloignée de la roue du centre,
pour éviter le frottement que les dents de cette
dernière occasionneraient.

Après cette opération on trace la grandeur du
barillet ou tambour ; il doit être le plus grand
possible, en évitant cependant qu'il arrive près des
bords des platines : car s'il y arrivait ou qu'il fût
saillant, il pourrait s'ensuivre une pression entre
lui et la boîte ; ce qui nuirait au jeu de la chaînette roulée dessus, ou la ferait trévaucher sur
la fusée.

La grandeur ou diamètre du barillet, dit tambour, se trace par deux traits que l'on inscrit
autour de sa circonférence, distant l'un de l'autre
d'une demi-ligne ; le diamètre du plus petit est ,
autant que possible, d'une demi-ligne moins grand
que celui de la roue de fusée. Le diamètre du
second, qui est le plus grand, sera aussi, autant
que possible, de la grandeur de cette même roue.

Le plus petit de ces deux traits, c'est-à-dire ,
le premier, représente la gorge ou cylindre du
barillet : forme qu'il n'a qu'en partie sur son
champ, et sur lequel se roule la chaînette lorsque
le rouage défile. Ce champ est la partie inférieure
du barillet. Le corps de cette pièce doit avoir une
ligne de moins large que l'autre bord qui lui est
supérieur, et cela en raison de son garde-chaîne,
qui en fait partie.

Pour tracer et centrer sur ce calibre le juste
milieu et la grandeur de ces deux cercles , vous
ouvrirez suffisamment le compas à pointe ; et à
partir d'un quart de ligne en dehors et à la gauche
du trait de circonférence de la roue de fusée , au
milieu de la distance qui se trouve entre le point
de centre du calibre et le rebord de la creusure
de la roue du centre, vous marquerez un petit
point en cet endroit, pour indiquer le milieu de
cette distance ; vous fermerez alors votre compas

d'une demi-ligne moins grand que le trait de circonférence de la roue de fusée, afin que le rebord
inférieur du barillet ait une ligne de moins que
cette dernière roue ; ensuite, sur ledit point marqué, vous placerez une des pointes du compas,
et vous tracerez avec l'autre pointe un petit trait
de trois lignes de long, tout prêt et en dehors
du trait de circonférence de la roue du centre,
et du côté gauche de celui de fusée. Ce petit trait
marqué légèrement étant ainsi tracé, vous ouvrirez
suffisamment votre compas, pour que l'une de
ces pointes puisse être fixée au point du centre
dudit calibre, et que l'autre pointe dépasse un
peu le point de centre de la roue de fusée. Vous
tiendrez fixée une de ces pointes au centre dudit
calibre, et porterez l'autre pointe au petit trait
léger déjà tracé, lequel trait vous couperez par
un autre trait aussi léger. Le point de section est
l'endroit direct où doit être le point de centre du
barillet. Vous le marquerez de suite, et de ce
point vous tracerez les deux traits de circonférence
de votre barillet.

Vous tracerez le plus petit de ces deux traits,
le premier en faisant attention qu'il soit distant
d'un tiers de ligne du trait de circonférence de la
roue de fusée, pour qu'il ne puisse gêner ce mobile ni celui du centre.

Par le moyen de ce tracé, le champ ou cylindre du barillet doit aussi se trouver distant d'environ une ligne du rebord de son calibre : place nécessaire et suffisante pour que la chaînette ne soit pas gênée dans ses fonctions par la boîte qui renferme le mouvement : ce qui n'aurait pas lieu si les calibres étaient mal tracés, comme cela arrive assez souvent ; accident qui fait alors trévaucher les chaînettes et arrêter les Montres.

Ce premier trait ainsi tracé sur le calibre, vous ouvrirez votre compas d'une demi-ligne seulement, et vous tracerez le second trait, qui représente le garde-chaîne dudit barillet, lequel par ce dernier travail se trouve entièrement tracé et placé au lieu où il doit l'être sur son calibre.

C'est par le placement convenable de cette pièce que vous aurez la facilité de décrire sur votre calibre, le plus avantageusement possible, celles qui restent à tracer.

Le tracé du barillet étant ainsi terminé, il s'agit d'indiquer actuellement la place de la potence, et de décrire la figure de cette dernière. Pour cela vous ouvrirez votre compas d'un quart de ligne plus grand que la circonférence dudit barillet, et à partir de son point de centre, dans lequel vous poserez une des pointes du compas, l'autre pointe placée du côté gauche de sa circonférence, vous décrirez un quart de cercle qui partira de la distance de deux lignes du point de centre du calibre, à venir vers son bord; c'est ce bord qui vous indiquera la place de la potence.

Voici la manière de décrire la figure de la potence. Vous marquerez un point à une ligne et demie de distance en avant du quart de cercle, lequel doit aussi se trouver distant de deux lignes et demie du point de centre du calibre : alors vous placerez une petite équerre près le point de la potence qui se trouvera en dehors; l'équerre couvrant le barillet laisse à découvert le point de centre de la fusée à ras lequel il doit se fixer. C'est dans cet état que vous tracerez à ras l'équerre, une ligne droite qui partira d'une ligne plus au centre que ne l'est le point de la potence, pour ensuite, passant derrière et tout près ce point, se terminer de ce côté, à quatre lignes de distance du rebord du calibre. Alors, à deux lignes et demie derrière ce trait, c'est-à-dire, entre ce trait et le barillet, partant de quatre lignes du bord du calibre, vous tirerez une seconde ligne droite; qui se terminera au bord du quart de cercle déjà tiré : ce qui formera le corps de la potence. Ce corps doit être d'égale largeur dans toute sa longueur. Cette partie ceintrée est le cou

de la potence, au bout duquel est le bec, qui doit
avoir une ligne et demie de diamètre, et dont le
point de centre de l'échappement marqué le milieu; lequel milieu doit être pointé au calibre pour
servir par la suite à tracer la contre-potence : le
coq ainsi que la coulisse, à la place qu'elles doivent
occuper sur la petite platine.

Le centre de la creusure de la roue, dite *petite
roue moyenne*, foncée d'une grande barrette, se
trace du côté droit de la roue de fusée, à une
ligne et demie de la circonférence de cette dernière; son point centrique est sur le rebord de
la creusure de la roue du centre; sa grandeur
doit être les quatre cinquièmes de cette creusure,
pour que la petite roue moyenne puisse avoir les
cinq septièmes de la grandeur de la même roue
du centre, et qu'elle soit libre dans sa propre
creusure.

Cette roue ainsi tracée facilite les moyens de
trouver la place de celle de champ, dite *à cou-
ronne*; la place de cette dernière roue se trace
à la droite de la petite roue moyenne, si l'on tient
son calibre de façon que la creusure de cette dernière se trouve placée entre la creusure de la roue
du centre et le rebord du calibre. Il faut alors cal-
culer à peu près la grosseur de son pignon, et
marquer légèrement avec la pointe du compas, un

point provisoire sur le bord à droite de la creusure de cette même roue moyenne, où elle sera censée placée, afin que son pignon se trouve d'engrenage. Alors, avec une ouverture de compas, proportionnée à la circonférence que ladite roue de champ doit avoir, qui peut être d'un septième plus petite que celle de la petite roue moyenne, on pose une des pointes du compas à une ligne et demie de distance du rebord du calibre, et l'autre dirigée vers le point provisoire du centre de cette roue de champ, mais dont la vraie position est déterminée par le rebord du calibre; on marque ce nouveau point de centre, d'où l'on trace la circonférence de cette roue, qui d'après toutes ces précautions, se trouve placée juste à l'endroit qu'elle doit occuper.

Le champ de la roue, dont la place vient d'être déterminée, doit être à une ligne et demie du rebord du calibre, pour deux motifs : le premier est que la creusure faite au rebord de la platine pour son *emboîture*, prend quelquefois un quart, quelquefois une demi-ligne; le second est en raison de *l'embichetage*; autrement cette roue étant plus près du rebord, serait trop saillante et serait exposée à être altérée et même détruite par la gorge de la boîte. Les fonctions du mouvement étant de s'ouvrir et de se fermer au besoin ; cette roue pourrait s'accrocher à la boîte, sans cette précaution ; vice qu'il est du plus grand intérêt d'éviter.

Le rouage ainsi tracé sur le calibre, offre les vides suffisans pour y placer la potence, le verrou, la charnière ainsi que les quatre piliers : mais le pilier qui est le plus près de la roue de champ doit être marqué d'une demi-ligne en-dedans du trait du calibre qui fixe leur place, à cause de l'embichetage.

Ce que l'on appelle embichetage, en terme d'Horlogerie, peut se concevoir d'après la description qui suit. Que l'on prenne deux pièces de deux sous, mais inégales dans leur circonférence, que la plus petite soit mise sur l'autre, et que les bords de chacune d'elles soient perpendiculairement placés d'un côté. Le côté opposé présentera une déjetée que l'on appelle embichetage, qui est nécessaire pour faciliter l'ouverture et la fermeture du mouvement dans sa boîte, ce que l'élévation des piliers produit. Cette déjetée se porte sur la partie qui est entre le barillet et la fusée, place naturelle de la charnière du mouvement, dont le verrou est diamétralement opposé.

Ce plan ou calibre étant dans cet état, et les points pour le placement des quatre piliers étant marqués sur le trait qui a été tracé, comme on l'a expliqué plus haut, on posera ces piliers dans l'ordre suivant.

Le premier sera sur le trait, entre la creusure de la petite roue moyenne et le bord de la circonférence de la roue de la fusée; on lui ménagera une ligne et demie de distance, pour que cette roue n'y touche pas.

Le second sera à deux lignes et demie de distance du côté droit du barillet, pour faciliter le placement de la charnière et celui du *plot de guide-chaîne*, ainsi que pour laisser le libre passage de la chaînette, en dedans.

Le troisième se posera à deux lignes du côté gauche du bord du barillet : cette distance suffit pour que la chaînette ne puisse y frotter.

Le quatrième pilier se place à la distance d'une demi-ligne en dedans du trait, parce que le vide de l'embichetage doit être tel, qu'il laisse du côté de la roue de champ l'aisance nécessaire pour mettre le verrou, et il doit être assez distant de la place réservée à la potence.

Avec un gros foret à pivot, on perce les points de centre de tous les mobiles, ainsi que ceux des quatre piliers. Cette opération terminée, le plan ou calibre est alors préparé pour recevoir un mouvement.

DU MOUVEMENT.

La cage est la première pièce que l'on monte sur le calibre : elle est composée de deux platines et de quatre piliers. Ces deux platines sont de bon cuivre jaune, en planche, du grain le plus fin : ce qui se reconnaît en le cassant. On prend une plaque carrée de ce cuivre, de deux lignes et demie d'épaisseur et de quinze lignes de diamètre, pour fabriquer une cage de dix-huit lignes. Elle se forge après avoir été ébarbée à la lime, à petits coups de marteau, et se réduit à deux tiers de moins de sa première épaisseur, bien également forgée et planée.

Ce cuivre doit être bien sain, c'est-à-dire, qu'il ne doit avoir ni crevasses ni soufflures, après que l'excédant de la circonférence qui y aura été décrite, aura été enlevé à la lime. La négligence que l'on apporterait en laissant subsister quelques crevasses, ferait fendre les platines, lorsqu'on les dorerait, ce qui serait une grande imperfection.

On fait alors un trait carré, pour en trouver le centre, que l'on marque d'un point un peu

profond, qu'on achève de percer d'un très-petit
trou, afin que cette pièce ne se déjette point au
tour. Avec le compas on trace sa circonférence
de la grandeur du calibre, dont le surplus s'enlève selon les procédés déjà expliqués, sans en
négliger la moindre particularité. La platine est
alors capable de recevoir son arbre à ciré, qui
porte à une de ses extrémités une plaque en cuivre,
fortement rivée sur un bout. L'épaisseur de cette
plaque sera de deux à trois lignes, tournée ronde
sur son champ; son diamètre est de huit lignes :
elle est plate de ce côté, sans pointe à son extérieur; mais elle a un point profond qui en tient
lieu. De ce côté elle doit être parfaitement plate;
on y trace ensuite, diamétralement, des traits
séparés et profonds, pour que la cire y tienne.
L'autre côté de cette tête d'arbre se forme en
goutte de suif. Le corps sera d'acier fortement
trempé, de deux ou trois lignes de diamètre,
long de dix-huit lignes; il aura une pointe pareille à celle des arbres-lices et bien centrée à
son extrémité. Cet arbre sera monté d'un grand
et large cuivrot qui y sera bien fixé. Avec ce
même arbre dont on chauffe la plaque au chalumeau, de laquelle on garnit la surface de cire
à cacheter, à peu près de l'épaisseur d'un sou;
la tête de l'arbre se colle à la platine, de la manière suivante.

7

La platine se prend par son rebord, avec une pince ; on en présente la face où est le point centrique, sur la flamme d'une chandelle ; on la chauffe de manière seulement que la cire qui est à la tête de l'arbre, puisse fondre à son centre et s'y coller. Alors le dessus de la platine se retire de la flamme et se plonge promptement avec son arbre, dans un vase plein aux trois quarts d'eau froide ; pour éviter le trop grand recuit, on aura eu la précaution de la détacher de la pince avec célérité.

Cette pièce ainsi refroidie et garnie de son arbre, se monte sur un tour à pointe ; on garnit alors le cuivrot proportionné à sa force, car son trop grand poids pourrait la détacher, et il faudrait de nouveau la faire recuire ; opération non-seulement superflue, mais encore nuisible, puisqu'elle communiquerait une mauvaise qualité à la pièce. L'opération que je viens de décrire, pourrait se faire avec le tour en l'air ; mais les Horlogers ne se servent pas ordinairement de ce genre de tour.

La platine collée à la cire, de la manière indiquée, ne peut être que très-rarement droite. Cependant comme il faut qu'elle se tourne dans ce sens, on l'y rétablit en chauffant un peu son centre à la chandelle, avec le chalumeau ; on la

tourne doucement, jusqu'à ce qu'elle soit parvenue au point que l'on désire. Le support que
l'on avait mis d'abord sur le tour et qu'il a fallu
ôter pour cette opération, se replace aussitôt et
se fixe promptement sur ledit tour. De la main
gauche on prend un morceau de bois de garai
ou autre, long de huit pouces environ, qui tient
ici lieu du burin, pour toucher la platine et la
redresser par le moyen de l'archet, pendant que
la cire est chaude. Dès qu'elle est bien redressée,
au point qu'elle ne vacille plus dans ses pointes,
le plat du bois se trempe dans l'eau, et on le
fait agir ainsi sur la platine, avec l'archet, jusqu'à ce qu'elle soit refroidie; ensuite le champ
se tourne rond avec un burin bien affûté pointu.
Avec la pointe du même burin, on dresse plat,
depuis la tête de l'arbre jusqu'au rebord du côté
de la cire; la face du burin sert à faire disparaître les traits.

Ce côté étant dressé, on en fait autant à l'autre
face de la platine, en observant de laisser une
forte goutte près de la pointe pointue, pour que
la pièce ne se déjette pas : d'ailleurs elle doit être
tenue bien serrée entre ses pointes, et comme
elle, doit avoir environ une ligne et demie d'é-
paisseur. C'est lorsqu'elle est dans cette position,
qu'on fait la creusure de la roue de centre, dont

la grandeur sera celle qui est tracée sur le calibre; sa platine se creuse jusqu'à moitié de son épaisseur, depuis la goutte jusqu'à la circonférence, et à partir de son bord que l'on creuse un peu plus que le centre, ce dernier devant être imperceptiblement plus haut, afin que la roue qui doit y être placée ne soit sujette à aucun frottement. La gorge de la creusure sera droite et non évasée. Le fond et la gorge de la creusure s'adouciront plat, avec le bout d'une pierre à eau qui aura été taillée en forme de burin à crochet, dit *échoppe*. Cette opération est terminée lorsque les traits sont parfaitement effacés; il ne reste plus alors qu'à mettre cette platine juste de grandeur et imperceptiblement en biseau sur son champ, qui penchera du côté de la plaque de l'arbre; et sur le bord de la circonférence de la platine, du côté de la creusure, ce rebord se creuse d'un tiers de ligne en profondeur et en largeur. Cette petite creusure carrée s'adoucit avec la pierre à eau : cette opération étant faite sur le champ, la pièce est finie de tourner. On fait observer que cette dernière creusure servant à l'emboitage du mouvement, est indispensable.

Après avoir décollé l'arbre, on prend une lime demi-rude et une équerre; on dresse plat les deux faces de la platine, que l'on achève de dresser avec une lime plus douce; la pierre à eau s'emploiera pour effacer les traits du côté de la creusure.

Cette platine étant à ce point, il faut lui faire sa petite platine, qui doit être de cuivre, de la même qualité et d'une ligne et demie d'épaisseur. On la prépare comme la précédente, c'est-à-dire, qu'elle sera forgée et planée, jusqu'à ce qu'elle soit réduite également à une ligne d'épaisseur. On vérifie avec l'équerre, si cette pièce est bien dressée, on cherche son centre, on trace sa circonférence; ensuite elle s'arrondit, se met droit sur le tour, se tourne comme la précédente, plat; mais seulement des deux côtés, elle est sans creusure. Sa grandeur doit être moindre d'un neuvième que celle de la première platine; son champ sera plat, parfaitement droit, bien adouci à la pierre à eau et sans traits; on la dresse et on l'adoucit comme la précédente, en prenant garde, en dressant ces deux platines, de ne point frapper leurs rebords avec la virole du manche de la lime.

Le trou du centre de la grande platine et celui du calibre étant percés droit et de pareille largeur, ledit calibre se plaquera par le côté où il est tracé sur la platine, mais du côté opposé où celle-ci a sa creusure. Les deux pièces seront ainsi contenues par une goupille forcée, serrée, par le moyen d'une pince à boucle qui les rendra immuables.

On a dit précédemment que les trous seuls des piliers et des mobiles ont été percés au calibre ; ainsi, en plaquant le calibre du côté où il est tracé, contre le côté de la platine où doit être le cadran, et en le tenant parfaitement centré par le moyen de la goupille, on voit clairement la face de chaque trou de la platine ; mais pour empêcher la mobilité de ces pièces, on les serre ensemble avec une tenaille à vis, après avoir eu la précaution de placer sur la grande platine un morceau de carte, pour que les mâchoires de la tenaille ne l'endommagent point. Ces deux pièces tenues bien solidement, on perce à la platine tous les trous indiquant le centre des mobiles, ainsi que la place des piliers et le point de centre de l'échoppement qui sont marqués sur le calibre ; lesquels, avant cette opération, ont dû être percés chacun d'un petit trou au centre du point qui les désigne, en observant de mettre une goupille à chaque trou que l'on perce, afin de rendre les deux pièces encore plus solides. Les trous des quatre piliers doivent se percer les premiers, ceux des pièces mobiles le sont après : on veillera à ce qu'ils soient bien droits. On débarrasse les trous de leur bavure, lorsqu'on a desserré la tenaille à vis, les goupilles et le calibre.

On ajustera de suite les deux platines ensemble ;

on fait une marque avec un point d'ébisloir sur le champ de la grande platine, dans l'emplacement qui se trouve entre la fusée et le pilier qui est près du côté droit du barillet, mais un peu plus près de ce dernier que de la roue de fusée. Ce point marque celui où doit être placée la charnière ainsi que l'embichetage. La petite platine se plaque sur la grande, du côté de la creusure qui ne doit pas être déjetée plus à droite qu'à gauche ; elle doit au contraire être plus portée sur le point marquant la place de la charnière, que du côté opposé.

Dans cette position, après avoir mis une carte au-dessus, avec la tenaille à vis, on serre ces deux platines en prenant bien garde de ne point les déranger ; et après cette opération, on perce un trou des piliers, que l'on garnit d'une goupille ; les autres se percent de suite et reçoivent leurs goupilles.

Ici je suppose les quatre piliers faits et de proportion égale. Les trous des quatre piliers une fois percés à leur place, sur la petite platine, à l'aide de ceux déjà percés sur la grande, pourront recevoir leurs piliers dès qu'ils auront été préparés de la manière suivante.

Vous retirerez les goupilles et vous ferez ensuite

sortir les deux platines de la tenaille à vis ;
alors, avec un équarrissoir que l'on introduira du
côté du dessus de la grande platine, où doit être
plaqué le cadran ; vous accroîtrez un des trous
des piliers, bien droit et de largeur suffisante pour
recevoir juste et libre le jet au pivot du pilier destiné à ce trou, lequel est le plus gros. C'est une
opération d'ajustage pour chaque pilier de la grande
platine ; laquelle opération étant terminée aux quatre piliers de cette platine, de même pour la petite
platine à chacun des trous qui doivent contenir
l'un des pivots du pilier destiné à y être introduit ;
ce qui, par leur emplacement, est facile à reconnaître. Alors on numérote ces piliers par des
points, afin de ne pas les confondre et de pouvoir les mettre à leur place, lorsqu'il sera temps
de les river.

DE LA FABRICATION DES PILIERS,

Pour ces piliers, il faut de bon cuivre en planche, de trois lignes d'épaisseur, dont on coupe
une petite bande de trois lignes et demie de large,
qui se forgera d'égale épaisseur, tant sur la longueur que sur la largeur, jusqu'à ce qu'elle soit
réduite à deux bonnes lignes, sans crevasses. Cette

petite bande, ainsi forgée, longue d'environ trois pouces, se partage par la moitié, avec une bonne scie. On achève d'écrouir la bande la plus saine, qui se dresse à la lime, se met ensuite à huit pans, pour être arrondie. On fixe sur l'un des bouts, un petit cuivrot. Chacun de ces bouts ayant été précédemment limé plat, on les centre d'un point profond. On monte la pièce sur le tour, garnie de ses pointes pointues, avec un faible archet garni d'une corde ; on tourne rond le bout de cette tige, pour en fabriquer un pilier proportionné à la hauteur que doit avoir la cage d'après sa grandeur. Alors, d'après un modèle adopté ou d'après le goût de l'artiste, on donnera à ces piliers la hauteur déterminée ; celle de trois lignes est, à ce qu'il me paraît, la plus facile pour l'apprenti.

Le bout de cette tige à pilier se diminue au burin dans la longueur de sept à huit lignes, pour réduire cette portion cylindrique à deux lignes de diamètre : alors, du côté droit, vous formez un pivot ou tigeron cylindrique, à qui l'on donne la grosseur de trois quarts de ligne et une longueur d'environ deux lignes. Les portées des piliers doivent être bien plates, afin de bien plaquer sur les platines. Les cinq à six lignes restantes serviront à former le corps du pilier, mais qui n'aura sur cette longueur que tout au plus trois lignes ; en observant que le corps du pilier, du côté du jet ou pivot destiné à la grande platine, doit être environ un quart plus large de ce côté que du côté de la petite. Le surplus sert à faire le tigeron de la petite platine, qui diffère du précédent, comme ne devant avoir qu'environ deux lignes de longueur; en ayant soin de former avant le corps du pilier, qui s'adoucit ensuite à la pierre à d'eau et non autrement, à cause de la dorure qu'on doit y appliquer par la suite. Ce tigeron que l'on a réduit à une grosseur moindre que l'autre, en raison de ce qu'il n'est point susceptible d'être rivé, mais seulement destiné à contenir une goupille en cette partie; ce premier pilier ainsi terminé, sert de modèle pour les trois autres, que l'on fabrique d'après les mêmes proportions.

Ces piliers ainsi finis, s'ajustent à la grande platine; le premier entre la petite roue moyenne et la roue de fusée, le deuxième entre la fusée et le barillet, le troisième entre cette dernière pièce et l'emplacement de la potence, le quatrième entre la place où sera fixée la potence et celle de la roue de champ. Ces piliers doivent être libres dans leurs trous, sans cependant avoir trop de jeu. Pour les reconnaître, comme on l'a déjà expliqué ci-dessus, on marque le premier d'un point, le second de deux, ainsi de suite, excepté le qua-

trième qui étant sans marque, ne peut pas être
confondu avec les autres. Les trous des piliers percés à la grande platine, du côté de la rivure,
qui est celui du cadran, doivent être ébiselés suffisamment, pour qu'il puisse y avoir une rivure
qui les rende immobiles.

Ces piliers ainsi faits, disposés et ajustés à leur
grande platine, s'ajustent ensuite à la petite, en les
plaçant chacun dans les trous qu'on leur a préparés.

Alors cette platine se pose sur les piliers, pour
s'assurer s'ils sont d'égale hauteur ; égalité à laquelle on parviendra en remettant au tour le pilier qui serait trop haut si cette inégalité existait ;
mais si elle n'existait pas, on les rivera, en faisant
attention de bien étendre la rivure pour qu'elle
garnisse parfaitement l'ébiselure faite à la grande
platine du côté de la cadrature, pour la recevoir;
ce qui donne aux piliers la solidité qui leur convient.

Les piliers se rivent quand les platines sont
montées dessus. On place sur le taceau de l'étau
un large cuivrot bien plaquant, plus épais que les
tigerons qui débordent la petite platine, dont le trou
de chaque pivot des piliers est un peu libre sur
son pivot. On pince alors de la main gauche la

cage avec les deux premiers doigts et le pouce : cette cage est renversée, c'est-à-dire, que dans cette position, la grande platine sera en haut et la petite par-dessous ; le bout d'un des piliers sera dans le trou du cuivrot ci-dessus noté, plaquant sur le taceau, la petite platine y plaquant aussi parfaitement ; de la main droite, avec la paume d'un marteau moyen, on frappe sur le milieu de la rivure que l'on étend dans l'ébiselure afin qu'elle la remplisse parfaitement.

Pour que cette rivure s'étende bien, on a dû précédemment chauffer le petit bout de ce tigeron au chalumeau et à la flamme de la chandelle, en observant qu'il doit être de longueur convenable avant d'être rivé.

Les piliers étant ainsi bien rivés, on s'assure si les trous de la petite platine ne sont point retrécis en les mettant séparément chacun dans leur trou ; s'ils y entrent librement, le trou est bon : dans le cas contraire, le trou s'ajustera, mais seulement jusqu'à ce que le pilier y jouisse de la juste liberté qu'il doit avoir. La cage se remonte ensuite, pour s'assurer si la platine y entre sans éprouver trop de pression ; et s'il en existait, on frapperait tout autour du bord de la petite platine avec un petit maillet de bois, ce qui empêche le pilier de brider. Ces piliers auront la liberté nécessaire, si en renversant la petite platine ils tiennent après, et si en tenant les bords de la grande platine du bout des doigts de la main droite, la petite platine au-dessus sort de ses piliers, en frappant un petit coup de poing de la main gauche sur l'avant-bras de la main droite qui tient cette grande platine ferme. On passe ensuite à l'opération appelée *planter les trous ;* ce sont les trous des pièces mobiles que l'on plante sur la petite platine, en se modelant sur ceux qu'on a percés précédemment sur la grande ; on se sert pour cet effet de l'outil dit *à planter*, construit de la manière suivante.

Cet outil est composé de deux canons percés dans toute leur longueur, d'un bout à l'autre ; ils sont tenus ou réunis ensemble et parfaitement perpendiculaires l'un sur l'autre, par le moyen de trois vis qui tiennent le dessus ; cette partie a une anse et un rebord qui plaque au plateau du canon de dessous. Ces deux canons reçoivent chacun dans leur intérieur une pointe qui doit y être libre et maintenue par un léger frottement. Chacune de ces pointes a son corps cylindrique comme les canons, et pourra les déborder à volonté. Ces pointes doivent être si parfaitement au centre qu'elles puissent se toucher en les rapprochant l'une de l'autre. C'est dans l'exactitude de leur contact respectif que consiste la bonté de l'outil.

Avec cet outil on marquera donc droit à la petite platine les trous des pièces mobiles, lesquels trous on percera de suite. On dressera alors à l'équarrissoir celui de la petite roue moyenne à la grande platine; on tracera de ses deux côtés un trait de circonférence, qui désignera le plan de la creusure de cette roue, prise sur le calibre; cette roue, ainsi que celle de champ, ne doivent porter que sur une barrette, sorte de plaque en cuivre recouvrant l'évidure de la creusure de la petite roue moyenne tenue par deux vis et deux pieds.

Avant d'évider au foret et à la lime cette creusure, on se servira d'un foret à peu près double en grosseur que ne doit l'être le pignon de la roue de champ, pour percer son trou à la grande platine, que l'on dresse et que l'on arrondit avec un équarrissoir. On fait des points à une ligne intérieure, de la circonférence déjà tracée pour la creusure de la petite roue moyenne. Les points faits à cette ligne intérieure, doivent être entre eux, à la distance d'une ligne : on les perce et on les accroît jusqu'à ce qu'ils crèvent, pour en extraire le superflu intérieur. La creusure se finira avec des limes feuilles de sauge, rudes et douces, en observant de ne point dépasser les traits ni au-dessus ni au-dessous. Il est nécessaire que cette creusure soit limée droit et plat. Sa circonférence doit être parfaitement ronde, sans être évasée ni d'un côté ni de l'autre. Dès que l'on aura atteint ce but, on tirera de long avec une lime, feuille de sauge douce, pour en effacer les traits. La pierre à eau s'emploie ensuite à l'intérieur aux rebords, au-dessus et au-dessous de la creusure, pour la terminer par ce poli qui enlève les traits.

DE LA BARRETTE.

Cette creusure, dans cet état, est prête à recevoir une barrette que l'on doit y placer du côté où sera le cadran, pour servir de support à la petite roue moyenne et à celle de champ. Avec un compas à pointe, et du même côté, on prend la distance qui existe entre le point du centre et le quart de l'évidure ; ce qu'on trace avec la pointe du compas, sur chacun de ces deux bords, par un trait léger, dans la longueur de trois lignes de chaque côté où doit être le cadran. On tracera légèrement aussi sur cette même face de platine le trait de largeur et de longueur de la barrette qui doit être placée de chaque côté de la creusure faite.

On marquera alors deux points à la platine, à

deux lignes de distance l'un de l'autre, et à une ligne du rebord de cette creusure, à distance égale sur chacun de ses côtés : ce qui désignera les oreilles de la barrette, ainsi que le placement de ses vis et de ses pieds, ces derniers devant occuper les trous destinés à cette pièce, lesquels sont le plus rapprochés de la platine, tandis que ceux des vis qui doivent être au centre des oreilles de la barrette, en sont plus éloignés. On percera les points bien droit, avec le même foret ; l'un d'eux sera taraudé avec un tarau à peu près du n.° huit, ou d'environ de cette grosseur provenant d'une petite filière.

On ne taraudera à la platine que les trous destinés aux vis. On ne taraudera aussi à la barrette que les trous destinés au pied de cette pièce, lorsqu'elle y aura précédemment été ajustée et percée par la communication de ceux percés à la platine, avec lesquels ils doivent être en rapport parfait.

La filière ci-dessus mentionnée ayant deux ou trois trous, à peu près du même numéro, on limera le tarau carré et de la grosseur du plus grand des trois premiers trous de la filière, dans lequel on taraudera le tarau, dont les quatre faces se limeront plat. Ensuite, pour en ôter la bavure et rendre les filets plus vifs, ce tarau se replace

dans le même trou pour achever d'enlever la bavure qui peut être restée dans les filets, par l'action de la lime. On le trempera et on le fera revenir bronze, pour qu'il ne soit pas cassant. C'est
la méthode usitée, afin que le tarau ne s'empâte
pas dans ses trous ; car les filets de l'écrou se
rongeraient et la vis n'aurait plus de solidité, étant
alors ce qu'on appelle en Horlogerie vis sans fin,
et par conséquent hors d'état de servir.

Le trou suivant, du même numéro de cette
filière, un peu plus petit que le précédent, servira à tarauder l'acier préparé pour faire la vis,
dont la tête sera noyée dans l'épaisseur de la barrette. Pour faire cette barrette, on prend un morceau de cuivre taillé en carré-long, épais d'une
ligne et demie que l'on réduit au marteau à une
ligne; ce morceau de cuivre ayant en longueur six
lignes de plus que le diamètre de la creusure qu'il
doit couvrir, de l'épaisseur et de la grandeur
convenables. Ce morceau de cuivre se dresse plat
des deux côtés, et on lui donne un peu plus que
l'épaisseur de la petite platine, vu qu'il doit être
provisoirement un peu plus long, un peu plus
large et un peu plus gros qu'il ne le faut.

On perce un trou de la grosseur de la vis seulement. Sur le dessus de la barrette, on fait à ce
trou une ébiselure plate ou évasée; en observant

8

qu'elle soit faite de manière à ne point rendre
la pièce difforme. La vis se place provisoirement
dans ce trou; car les vis étant ôtées et remises
fréquemment, jusqu'à ce que tout soit achevé, la
plupart de ces premières vis se trouvant mauvaises, demandent à être remplacées par d'autres.
Ensuite, avec le bout de la mâchoire de la tenaille
à vis, on saisit la platine et la barrette par leurs
bords, après avoir mis une carte entre deux, pour
éviter que ces pièces soient mâchées. Pour le second trou de vis de barrette, on le perce sur cette
dernière pièce. Ce trou doit être parfaitement semblable à celui sur lequel on l'a percé, parce qu'ils
doivent recevoir la même vis sur le même tarau·
Ces deux vis faites et la barrette ébauchée étant contenue par elles, cette dernière plaquant à la platine, vous percerez à ladite barrette les trous qui
doivent y être pratiqués pour contenir ces pieds
qui doivent y être taraudés et contenus par des
pas de vis et bien serrés. Les trous pour les pieds
de la barrette se percent droits et moitié moins
grands que ceux des vis, afin que dans les trous
de cette même barrette, on puisse visser à fort
frottement des pieds capables de faire tenir provisoirement la barrette à la platine, sans se servir
des vis. Ces pieds cylindriques doivent tenir par
un petit frottement, tel que la petite barrette puisse
s'ôter et se remettre à volonté, sans cependant

qu'ils aient du jeu dans leurs trous. Les bouts de
ces pieds ne doivent pas déborder la platine de
l'autre côté; ils doivent y être simplement à fleur,
et leurs bouts arrondis et brunis, ainsi que ceux
des vis.

La largeur et la longueur de la barrette se tra-
cent avec le compas dans les proportions égales
à la trace légère précédemment décrite sur la platine. On lui donnera sa forme à la lime, en
ne laissant pas trop déborder ses deux bouts ou
oreilles, afin que celui du côté de la fusée ne gêne
point le carré qui doit servir de passage à la clef
de montre, et pour placer aussi un rosillon sur
le carré de fusée. Ce rosillon empêche que la crasse
qui s'introduit ordinairement dans la clef, n'épais-
sisse l'huile du pivot de fusée. On fera attention
aussi que l'autre oreille ne gêne pas le jeu du
verrou et de son ressort. On plante alors dans
la barrette le trou de la petite roue moyenne et
celui de la roue de champ, on les perce ensuite
l'un et l'autre. Le trou de cette dernière roue donnera la faculté de tracer deux traits démi-circu-
laires sur le bord extérieur de cette barrette, pour
en former le biseau. Ce dernier peut avoir environ
deux lignes et demie de largeur, commençant au
bord d'une des oreilles et se prolongeant avec la
même largeur jusqu'à l'autre oreille, conformé-

ment au trait précédemment tracé. Le premier de ces traits demi-circulaires, se trace à une demi-ligne au-dessus du trou du pivot de la roue de champ ; le second à deux lignes plus au rebord, s'il est possible, vu qu'elle lui donne plus de grâce. Ce biseau est une pente plate du côté de son rebord, où il ne doit avoir que le quart de l'épaisseur de la barrette, pour que le cadran puisse plaquer contre la platine. Cette barrette une fois dressée, plate par-dessus, est provisoirement finie, et l'on passe à une autre pièce.

LE PONT DE FUSÉE.

Il existe deux sortes de ponts de fusée, l'une à la forme d'une grosse virgule, recourbée comme elle, la queue à gauche ; cette forme donne la facilité d'y encadrer le rebord de la circonférence de l'avance et retard, dite *rosette*. A la tête de ce pont il y aura un canon qui excédera de deux lignes la platine ; c'est là où s'introduira le pivot supérieur de l'axe ou arbre de fusée.

La seconde espèce de pont est une plaque de cuivre carrée et longue. Sa tête arrondie excède, comme la précédente, la platine à laquelle elle est plaquée.

Ce dernier pont qui ne le cède point en bonté au premier, est d'une exécution plus facile. Elle consiste à tirer légèrement et diamétralement un trait de longueur dudit pont, lequel dirigera l'ouvrier, pour partager, par le milieu, le trou du tigeron de fusée et celui du centre de la petite platine, sur lequel trait, entre le trou de l'axe de fusée et le rebord de la platine, doivent être marquées, à une ligne de distance, la place des deux pieds du pont et celle de sa vis entre-deux.

Exemple : vous marquerez sur le trait un point distant d'une ligne du trou de l'axe de fusée, et sur le même trait, à une ligne plus loin un second point, et encore à une ligne plus loin un troisième point sur le même trait. Celui du centre de ces trois points sera le point de la vis que l'on percera le premier, et l'on taraudera ensuite avec le tarau qui a servi pour les vis de la barrette.

Avant de forcer ce tarau dans les trous à tarauder, il faut que le bout du tarau le déborde, afin que s'il venait à casser dans le trou, on puisse l'en retirer par le moyen de ce petit bout saillant, qui en ce cas servira à le faire sortir par où il est entré et non autrement pour ne pas le carrer. Cette opération est de la plus grande nécessité : si elle était négligée, le trou forcerait trop et pourrait se casser de nouveau dans le trou ; il serait alors très-difficile de le retirer, s'il ne débordait pas de l'autre côté ; ce à quoi il faut faire attention pour tous les trous à tarauder, car cela porterait un très-grand préjudice aux pièces qui en seraient affectées.

Ce trou ainsi taraudé de chacun de ses côtés et sur le même trait, à une ligne de distance de ce dernier, on percera un petit trou pour tenir les pieds de ce pont de fusée. Alors on taillera un morceau de cuivre long de six lignes, épais et large de trois. Ce cuivre se forge à petits coups, pour le dresser et le réduire à une épaisseur de deux bonnes lignes. On le dresse plat en dessous. Sa largeur se centre au milieu de sa longueur, et on perce à ce point, le trou de sa vis. On place droit et serré ce morceau de cuivre dans une tenaille à vis, observant que le trou qui y est percé, le déborde d'une ligne au plus ; c'est dans cet état que sur une des entrées de ce trou et toujours du même côté, on fait ensuite une entaille en travers qui lui enlèvera bien également la moitié de son épaisseur, dans toute la longueur de ce bout, afin que cette partie qui est le bout extérieur, ne soit pas plus épaisse d'un bout et d'un côté que de l'autre.

Cette entaille ne devant pas dépasser le trou de la vis ; dont la tête sera d'une ligne de dia-

mètre, proportionnellement à la grosseur qu'aura
la pièce, lorsqu'elle sera finie, cette vis plaquante
aura la tête haute, d'un tiers de ligne; elle sera
plate en dessous et en goutte de suif en dessus.
Etant faite de cette manière, on la met en place
avec sa pièce sur sa platine, à laquelle les pieds
s'ajustent ensuite. Le tout ainsi disposé, on monte
la cage, en commençant par fixer à l'étau l'outil
à planter. On place une virole de cet outil, qui
plaque bien, sur la platine. La cage se met en
dessus, bien plaquante sur la virole; on introduit
la pointe supérieure de l'outil dans le trou destiné à la fusée, du côté de la grande platine;
on emploie pour cet effet, le canon de la pointe,
qui donne la juste direction de l'outil vers le centre
du trou de cette fusée; en observant, comme je
l'ai dit, de faire parfaitement plaquer la cage sur
la virole, et cette dernière sur l'outil, la pointe
supérieure étant bien au centre du trou; alors
avec la pointe inférieure qui est dans son canon,
on marque au pont de fusée un point qui sera
le centre du trou de son pivot, que l'on percera
bien droit, c'est-à-dire moitié moins grand qu'il
doit être. On achèvera de le dresser avec un équarrissoir que l'on y introduira du côté où doit entrer le pivot, pour y mettre un arbre-lice, afin
de monter la pièce sur le tour. On tournera le
canon de la tête du pont, dont la grosseur, après

cette opération, sera à peu près de deux lignes
de diamètre, un peu moins large en haut qu'en
bas. On formera ensuite au pied du canon une
petite moulure en biseau du côté de la vis ; cette
moulure devant renforcer là tête de ce pont ; qui
l'une et l'autre étant adoucies à la pierre à eau,
donneront de la grâce et de la solidité. On terminera le canon au tour, en faisant une profonde
creusure conique, au milieu du dessus de sa tête.
On se servira pour cela d'un burin bien affûté,
long. On évasera cette creusure jusqu'à ce que
son rebord ait l'épaisseur d'une carte mince ; on
l'adoucira ensuite avec la pierre à eau. Ce morceau étant fini de tourner, s'achèvera avec la lime.

La largeur de la tête de cette pièce, est celle de
son corps de ce côté ; en la limant, on observera
de tenir bien au milieu du corps la tête de la vis,
dont le bout opposé à la tête du pont, sera un
tiers plus large que cette dernière partie et cin-
trée comme la platine à fleur et sans la déborder ;
elle sera un peu en biseau plat par le bout. Le
corps doit être limé et adouci plat, en dessus,
dans toute sa longueur ; il aura également l'épaisseur d'une demi-ligne. La vis et les pieds ne doivent pas déborder le dedans de la platine, mais y
affleurer après avoir été arrondis et brunis ; ce pont
ainsi terminé se met en place.

DE L'ÉVIDURE DU VERROU.

L'évidure dans laquelle doit être logé le verrou, se fait à la grande platine de la manière suivante.

A partir d'une ligne du second rebord de la grande platine, du côté des piliers, entre la roue de champ et le pilier qui en est le plus proche en dedans de la platine, on tracera diamétralement un petit carré-long d'environ trois lignes, et large d'une ligne ; on marquera trois points dans sa longueur ; ils doivent être placés de manière qu'en les perçant on ne puisse atteindre les traits de ce carré, ce qui gâterait cette entrée ou évidure. On percera ces trous qu'on limera avec une petite lime queue de rat, jusqu'à ce qu'ils se communiquent. L'évidure se terminera ensuite ; mais elle touchera légèrement le trait sans le dépasser. Cette évidure ne doit pas être plus large d'un côté que de l'autre, et il faut lui ménager une épaisseur parfaitement égale en la faisant. Le bout extérieur de son ouverture doit arriver carrément à environ une ligne du rebord intérieur ; car telle doit être la forme qu'on lui a donnée en la traçant. Du côté où doit être le cadran, on entaillera diamétralement le dessus du rebord de la platine, qui communiquera à l'ouverture qne l'on aura faite. On prendra pour cette entaille le tiers de l'épaisseur de la platine, d'où il résultera que cette dernière entaille et la précédente seront parfaitement égales en largeur. Cette justesse est d'autant plus nécessaire qu'elle doit servir de coulisse à la tige de l'onglet du verrou. Le restant de l'épaisseur du bord de la platine communiquant à l'évidure, où se place le verrou, sert de support à la tige de son onglet, en prolongeant sa coulisse; ce qui est indispensable pour empêcher le verrou de sortir de sa place. Au bout intérieur de ce rebord de la platine, du côté du cadran, il existe un angle qu'il faut mettre en biseau, afin que la tige de l'onglet du verrou glisse facilement dans sa coulisse, où il ne doit y avoir que le jeu convenable, pour que le mouvement soit libre; l'évidure est alors en état de recevoir son verrou.

DU VERROU D'UNE SEULE PIÈCE.

Ce verrou exige du talent autant pour le bien faire que pour le bien ajuster; talent qui ne s'acquiert que par un grand usage; il est de la plus grande utilité de s'y appliquer.

L'acier s'emploie pour faire le verrou; si on

n'en a pas de forgé de convenable, on prend celui d'une lime bien usée, rude, dite bâtarde; il
faut qu'elle soit bien recuite, épaisse d'environ
deux lignes et demie, dont on coupe un travers
large d'environ six à sept lignes; on le place dans
sa plus grande longueur, entre la mâchoire d'un
étau à main; il ne doit en déborder que trois lignes, qui se liment des deux côtés seulement
dans toute leur longueur, afin de laisser au centre
une épaisseur égale, qui formera la tige de l'onglet et le crochet, ou griffe du ressort. Cette
épaisseur ménagée aura provisoirement cinq quarts
de ligne; son évidure ayant à la platine environ
une ligne de large sur à peu près trois et demie de
long. On lime au travers un bout de cette épaisseur
à la longueur de deux lignes, jusqu'à ce que l'on
soit arrivé juste à la première épaisseur de l'acier
logé dans la tenaille; on prend garde de dépasser
le trait, et même de le toucher. La pièce se retire
ensuite de l'étau à main, puis on la place dans
le gros étau, par la tige de l'onglet que l'on a déjà
limée; on ne la serre pas trop, de crainte de mâcher; alors on forme la tête et la plaque du verrou. Pour faire la tête de ce verrou et y former la
plaque, on fait une entaille d'une longueur suffisante, c'est-à-dire, d'environ trois lignes par-
dessus le côté où doit être la face de sa plaque;
c'est le dessous du bout du côté où l'on a déjà

pratiqué une entaille de deux lignes en travers.
Celle qu'il faut faire ici doit être également en travers et d'une même épaisseur, autant dans sa longueur que dans sa largeur, jusqu'à ce que l'on
soit arrivé à trois quarts de ligne, épaisseur seulement provisoire, pour former la plaque de ce
verrou. Sur la partie restante, on laisse près de
cette plaque une épaisseur d'une ligne et demie,
destinée à faire la tête; le surplus s'entaille par-
dessus et en travers, jusqu'à environ une demi-ligne
qui se prend sur la tige de l'onglet, ce qui forme
déjà le verrou brut. Cette pièce se retire de l'étau,
on dresse plat et d'égale hauteur les deux côtés
du dessous de la plaque, ceux de la tête, ainsi
que ceux de la tige de l'onglet; cette dernière se
met de bien égale épaisseur dans toute sa longueur;
c'est-à-dire, qu'elle ne sera pas plus large au pied
qu'au rebord, jusqu'à ce point où elle commence à
entrer dans son évidure.

Ou place ensuite cette pièce dans l'étau à main,
où elle tient par le travers du dessus de la plaque et
celui de la tige de l'onglet; de cette sorte, la
pièce est de bout dans la tenaille ou étau à main,
la tête en dessus, pour que l'on fasse plus facilement l'entaille qui doit y être pratiquée sous cette
tête, entre elle et la tige de l'onglet. On fonce cette
entaille, en longeant le dessous de la tête jusqu'à

la plaque, sans entamer ni l'un ni l'autre, mais seulement l'entre-deux ; l'entaille devant être à ras de ces deux parties. Ceci fait, les deux côtés de la plaque et de la tête se mettent d'égale largeur dans toute leur longueur ; les rebords ne peuvent être saillans au-dessus de la tige de l'onglet que d'une demi-ligne au plus. Après cette opération sur les rebords, et le côté de la tête étant dans le même état, les uns et les autres se mettent un peu en biseau, dressé bien plat sur le doigt, en sorte que la pointe de la tête sorte vis-à-vis le milieu de la plaque.

Pour faciliter l'ajustage de cette pièce, il faut que la tête puisse y tenir sa place ; ce qui ne se pourrait si elle était trop matérielle. Pour remédier à cet inconvénient, la tige de l'onglet se place en entier entre les mâchoires de la pince à bonde ; la tête du verrou qui déborde se trouve à son centre, afin que l'on puisse la former sans endommager sa tige. La face du verrou se diminue jusqu'à ce que sa tête soit réduite à une bonne ligne d'épaisseur ; on la lime ensuite en biseau, de manière que le pied soit beaucoup plus saillant que le haut ou pointe, qui se trouve réduite à un tiers ou à la moitié d'une ligne. Les deux angles se liment plat du haut en bas, comme si on voulait réduire cette pièce à huit pans. On fait dispa-

raître les petits angles , et l'on arrondit cette face.
La tête du verrou est alors parfaitement formée et
propre à être ajustée ; ce qui se fait en présentant
le bout de l'onglet à son évidure, comme si on
voulait l'y faire entrer. Si ses flancs étaient trop
épais , ils se réduiraient en les dressant plat , des
deux côtés sur le doigt, en continuant jusqu'à ce que
ce bout de l'onglet entre en plein , et que la tige
de l'onglet n'ait que le jeu nécessaire pour être libre,
sans que la pièce fît le moindre ballottement. Il faut
d'abord reconnaître si l'entaille qui est sous la tête
du verrou , ne présente pas d'obstacle par son trop
petit enfoncement. Dans le premier cas , on l'élar-
git ; et si l'autre bout de la tige est trop long pour
entrer dans son évidure, on y remédie en le raccourcissant , ou en prolongeant son évidure, selon
que la nature de l'ouvrage le demande, et la grâce
que l'on veut donner à cette pièce.

Les deux bords du dessous de la plaque et le
dessous de la tête, étant bien d'égale hauteur , et
l'entaille pratiquée dessous n'étant pas trop large ,
il doit en résulter de la facilité pour bien plaquer ;
facilité qui constitue la bonté de la pièce. Il faut
aussi, pour qu'elle soit sans défaut, ne pas faire
trop large l'entaille qui doit recevoir le bout du
ressort du côté du cadran. Le dessus de la tige de
l'onglet , qui doit déborder provisoirement la pla-

tine de ce côté d'environ une ligne, servira à faire cette entaille, qui se pratique sous le bout de la plaque, et ne se termine ainsi que le dessus de l'onglet, que lorsque le ressort y est ajusté.

RESSORT DU VERROU.

Le ressort du verrou se fait et s'ajuste si l'on veut avant le verrou; on prend pour le faire de l'acier plat, d'une bonne demi-ligne d'épaisseur, et on ne le travaille que lorsque l'on connaît sa place et celle de son ressort; alors on en détermine la longueur.

Pour parvenir à déterminer cette longueur, on ouvre suffisamment un compas à pointe, dont l'une se fixe au trou du centre de la platine, du côté du cadran; l'autre pointe excentrique se place à la distance d'un quart tout au plus de l'évidure intérieure du verrou. De ce point on trace le bord extérieur du ressort, dont le trait se prolonge légèrement jusqu'à environ deux lignes de distance du trou du barillet. En fermant le compas d'une ligne et demie, on marque un point à la distance d'environ cinq lignes, à la gauche du trou du barillet; ce point servira pour former l'écrou de la vis

du ressort; il se perce et se taraude sur le même
tarau ; on lui prépare une vis noyée conique ;
ouvrant ensuite le compas à la grandeur du trait,
on trace ensuite le ressort.

On coupe un morceau d'acier plat d'une bonne
demi-ligne d'épaisseur, et d'une grandeur suffisante pour faire ce ressort ; ce bout d'acier se
dresse plat au marteau, et se perce à six lignes
du bout que l'on destine à en faire la tête. On fait
un trait dans toute la longueur, à deux lignes de
distance de ce trou, qui doit être bien au milieu
de la largeur : il est destiné à recevoir la tête de la
vis. Cette plaque d'acier établie sur la platine, sa
vis bien serrée, on décrit les traits circulaires qui
donnent la figure de ce ressort, avec une ouverture
de compas qui embrasse la longueur de la plaque.
L'ouverture du compas diminuée d'une demi-ligne,
donnera le trait du centre ; en fermant encore le
compas d'une demi-ligne, on aura un trait qui marquera le bord intérieur du ressort ; ce qui déborde
ces traits est enlevé à la lime, et l'on veillera à ne
point les dépasser, en réservant d'ailleurs assez
de matière pour donner une belle forme à cette
tête du ressort. Ensuite, à une distance égale au
quart du ressort, prise du côté de la tête, on diminue progressivement sa largeur, par le rebord
intérieur, qui ne sera plus que d'une demi-ligne à

son extrémité. Le trait du centre, tiré seulement pour la régularité du travail, servira de guide. Ce trait aide aussi à déterminer la largeur du bout de la tête, en donnant à cette extrémité la forme d'une large virgule; sa vis est placée au centre de la partie la plus large.

Ce ressort se tire de long et bien plat sur tous ses côtés, avec une lime douce qui en efface tous les traits; on le dresse ensuite plat dessus et dessous. On peut alors achever d'ajuster le verrou; mais l'entaille où doit entrer le bout du ressort, ne doit pas être plus haute que juste l'épaisseur du ressort; cette entaille se fait à partir du dessous de la plaque du verrou, afin qu'il puisse reculer lorsqu'on le pousse en dedans. Pour que le mouvement puisse sortir facilement de sa boîte, le surplus de l'épaisseur du verrou, au-dessus du bout du ressort, se lime en dessus, jusqu'à ce qu'il n'ait tout au plus que l'épaisseur d'une carte: ce qui forme une petite griffe qui s'appuie sur le bout du ressort. On fait une entaille sur la tige de l'onglet, pour la mettre au niveau de la platine, et pour laisser au pied de cette griffe environ une demi-ligne, ce qui lui donne un peu plus de force pour l'appui du ressort, et qui en outre surmonte la tige; de cette manière elle n'est pas gênée par le cadran. Le verrou se trouve alors ajusté; il ne

9

reste plus qu'à mettre le bout de la plaque de longueur suffisante, pour cacher l'évidure, en observant de limer carrément et de former un biseau
semblable à ses côtés. On peut ensuite le tremper
et le faire revenir bronze, l'adoucir et le polir de
la manière suivante.

On se munit d'une lime de fer à adoucir, d'une
grandeur convenable, qui se lime d'abord sur le
plat, en travers et bien plat, avec une lime demi-
rude ; on la garnit ensuite de pierre à huile broyée
et détrempée. Avec le premier doigt et le pouce de
la main gauche, on tient le verrou couché, la tête
en dessus, le bout de la plaque en avant ; cette
dernière s'applique sur le bord d'un bouchon de
liége fixé à l'étau. Avec la lime de fer, on frotte
bien plat le dessus de la plaque, jusqu'à ce que
les traits de la lime soient entièrement disparus ;
on adoucit ensuite plat le dedans de la tête. On
couche obliquement le verrou sur le bouchon,
pour adoucir ensemble et bien plat chaque côté de
la tête et de la plaque, sans y laisser le moindre
trait.

La même opération se fait sur le biseau du bout
de la plaque. On adoucit un peu les flancs de la
tige de l'onglet et le dessous de la plaque, dont
on a soin de ne pas enlever tous les traits, afin
que cette tige n'ait pas trop de jeu ; ce qu'il est

très-nécessaire d'éviter. On passe ensuite le fer à adoucir sur l'onglet et sur le devant de la tête que l'on adoucit, sans y laisser ni traits ni facettes : ce que l'on parviendra à obtenir pour la tête, en l'arrondissant bien d'à-plomb ; c'est-à-dire, que pour cette opération, on procédera comme on a fait pour la finir à la lime, et en la tenant de la même manière ; dans cet état elle sera prête à être polie.

Pour cet effet, on emploiera les mêmes moyens que ceux dont on s'est servi pour l'adoucir ; on se servira non de la pierre à huile ; mais du rouge d'Angleterre, ou de la potée d'étain détrempée d'huile. Le fer à polir doit être bien avivé à neuf, afin qu'il n'y reste pas la moindre parcelle de pierre à huile ; elle y ferait des traits qui conduiraient à un mauvais poli. Le bouchon, pouvant être imbibé de quelques parcelles de cette même pierre à huile, doit également être changé, dans la crainte qu'il n'occasionne des rayures.

Le ressort du verrou se trempe, se recuit, se bronze et s'adoucit sur les côtés, bien plat, ainsi que sur ses deux faces. Cette dernière opération se fait en plaçant la pièce sur le plat d'un bouchon, par le moyen d'une large lime en fer bien avivée à neuf. Pour polir ce ressort de verrou, on emploie les mêmes outils bien avivés à neuf;

on change aussi de bouchon, de rouge ou de potée
d'étain, autant de fois qu'il en sera nécessaire.

Les plaques d'acier, d'un mouvement en blanc,
ne se polissent que lorsque ce mouvement est prêt
à marcher ; il suffit de polir les pignons avant de
les river.

Le verrou et son ressort étant finis, on les met
en place pour travailler à d'autres pièces. D'abord
le mouvement ayant besoin d'un rouage, il faut
s'occuper de le fabriquer.

Les diverses espèces de roues se forgent, se
liment, se tournent selon les principes déjà dé-
taillés aux précédens articles.

Ces roues ainsi faites et fendues, suivant leurs
rangs et nombres, elles se croisent comme il a été
déjà expliqué.

Ces roues préparées selon les proportions prises
sur le calibre, on taille des pignons de diverses
espèces, d'après le nombre d'ailes qu'ils doivent
avoir, suivant les roues auxquelles ils sont destinés, et comme nous allons l'expliquer.

Ces roues seront fendues et leurs nombres seront
parfaitement observés. Ces nombres s'entendent des
rapports qui doivent existr entre la quantité de
dents d'une roue et les ailes du pignon. On pré-

sente ici les rapports suivans, comme étant le plus en proportion les uns avec les autres, et plus propres selon l'emploi auquel on les réserve. Exemple : la roue de fusée aura 60 dents, celle du centre également 60, et son pignon aura 10 ailes ; la petite roue moyenne en aura 50 ; la roue de champ, 48 ; la roue de rencontre, 13 dents, et le pignon de ces trois roues, chacun 6 ailes ; le pignon de chaussée en aura 10 ; la roue de renvoi aura 30 dents, son pignon 8 ailes ; celle des heures aura 32 dents : cette dernière n'a point de pignon ; il est remplacé par un canon destiné à porter l'aiguille des heures.

Telles sont les proportions que l'on doit observer, pour qu'un mouvement soit bien réglé avec le nombre de roues qui entrent dans sa confection.

Les pignons des petites roues moyennes, noyés en cage, à grande barrette, se taillent d'un bout avec une tige longue d'environ trois lignes, non compris le pignon qui doit avoir également cinq quarts de lignes de longueur, dimension qui n'est que provisoire. A la suite de ce pignon, on forme une petite tige longue environ d'une ligne et demie. Le pignon de la roue de champ que l'on taille, a une longueur provisoire de deux lignes et demie ; la grande tige a deux lignes et demie, et la petite

une ligne. Ces hauteurs sont mesurées d'après le
mouvement à confectionner, dont j'ai déjà donné
la dimension. Le pignon de la roue de rencontre
se taillera de trois lignes et demie ; le petit tigeron d'une ligne, et la grande tige de cinq. Ces
longueurs sont provisoires, et peuvent être réduites,
s'il en est besoin, lorsqu'on les ajuste ; elles pas-
seront ensuite à la trempe. Lorsque le pignon du
centre sera au point décrit à l'article de la fabrication des pignons, sa rivure s'ajustera à la
moitié de la hauteur de ses ailes, longues d'un
tiers de ligne. On y ajuste exactement sa roue
qui doit tenir à frottement. Avant de river cette
roue, elle doit être dressée plat à la lime et d'égale
épaisseur, surtout son diamètre qui sera d'un bon
quart de ligne ; elle doit ensuite être bien nétoyée
de sa bavure et limaille, en dedans et au-dehors de
son trou et des barrettes. Cette roue étant bien croisée, bien adoucie à la pierre à eau, jusqu'à ce qu'elle
soit sans traits, dessus et dessous, et que par cette
opération, elle soit réduite à l'épaisseur ci-dessus ;
on y enfonce la rivure du pignon ; on s'assure
si les pointes de ses griffes ne font qu'affleurer
le rebord opposé de la roue, sans la déborder,
ce qui est de rigueur ; on rive cet axe à sa roue,
en appliquant la face du pignon sur une petite
plaque de cuivre, au moins d'une ligne d'épaisseur, et percé à son centre, à la grosseur de la

petite tige que l'on y introduit jusqu'à ras la face
du pignon, laquelle munie de cette plaque se loge
ensuite dans un petit trou de l'outil à trous,
en y faisant bien plaquer sa face, les griffes de
sa rivure étant en dessus.

Cette plaque empêche de mâcher la face du pignon, en le rivant; ce qui lui donnerait une mauvaise forme, vice qu'il est bon d'éviter.

On se munit ensuite d'un outil nommé *tasseau*
à river ou presse, dont voici la forme.

Sa longueur peut être de deux pouces et un
quart; son gros bout est d'une ligne et demie,
et le petit d'une ligne; d'un seul côté de ce bout,
seulement, on réduit sa longueur d'un tiers, on
en lime les angles pour les rendre demi-ronds
de ce côté, et bien plats du côté opposé; on fait
dans le milieu de ce dernier côté, une coche en
long qui s'arrondit avec une lime fine, à queue
de rat, jusqu'à ce que le *cube* de cet outil représente un croissant bien nourri. On le trempe
dur et on le recuit couleur paille, pour qu'il ne
s'égrigne pas. Ce dernier bout s'applique alors de
la main gauche, sur la pointe des griffes du pignon, ras sa portée; et sur le gros bout de l'outil
on frappe avec un petit marteau convenable pour
y river le bout de toutes ses griffes; alors, entre

les pointes d'un huit de chiffre ou compas d'épaisseur, on plante les pointes de son axe de pignon,
sans leur laisser de jeu; on pose sur ledit compas
une alidade, avec le bec de laquelle on touche
la face de la roue, pour reconnaître le côté qui
touche d'avec celui qui ne touche pas. Dans ce
dernier cas, on la rend parfaitement droite, en
frappant sur la rivure opposée au côté où cette
face de roue touche le plus à l'alidade, en observant qu'il faut que le bec de cet outil tâte
la roue du côté de son pignon; ce qui contribue
à lui donner la facilité de le bien river et à mettre
cette roue parfaitement droite, auquel point il est
de la plus grande nécessité de parvenir juste.

L'alidade est un outil qui se compose avec une
plaque de cuivre mince, longue de trois pouces
sur un pouce de large; elle est coupée en carré-
long. On l'entaille carrément, d'un côté, par le
milieu, jusqu'à la moitié de sa longueur. Les deux
côtés de cette entaille seront évidés, pour que les
deux bouts forment chacun un petit bec. C'est avec
un de ces becs que l'on touche la face de la
roue, pour connaître le côté qui froisse l'alidade
et celui qui ne le froisse pas.

AJUSTAGE DE LA ROUE DU CENTRE,

3.ᵉ MOBILE.

On prendra ensuite un burin pointu, dont la face est allongée; la roue se place sur le tour; on y fait avec ce burin une creusure qui part à ras le pignon. Cette creusure doit être concave, évasée du côté de la croisure et plus profonde proche le pignon : mais du côté de la rivure qui est le dessous de cette roue, on fera avec un burin à crochet affûté comme celui à creuser, les drageoirs du barillet, et qui sera un peu plus large, une creusure convexe formant la goutte de suif, et de même largeur que la précédente. Les deux creusures doivent avoir, chacune en profondeur, la moitié de l'épaisseur de la roue. Ces creusures s'adoucissent à la ponce broyée à l'huile et en-suite au rouge. La denture se tâtera ensuite sur le tour, pour s'assurer si, en accroissant le trou de la rivure du pignon, cette denture n'est pas déjetée. Dans ce dernier cas on la rétablit dans sa rondeur. Le pignon mis à ce point, il ne s'agit plus que d'y ajuster ses tiges et portées; on se munit pour cela d'un bon burin, dont on fait une profonde creusure à la rivure, en observant

de ne pas trop diminuer la force de ses griffes ;
sans cependant les laisser trop matérielles, et en
faisant attention qu'elles ne débordent pas : on
entamera au contraire le dessus de la portée, que
l'on mettra entièrement en biseau ; ce dernier et
la creusure de la rivure du pignon s'adouciront
et se poliront ensuite. La longue tige se diminuera
jusqu'à ce qu'elle n'ait plus qu'un tiers de sa première grosseur. Ce pignon étant trempé, on fera
attention, en diminuant cette tige, de laisser à ras
la rivure, une portée de l'épaisseur d'une carte
mince. Cette portée sera bien plate, l'angle du
fond sera coupé vif et sans rebord ; on veillera
surtout à ne pas entamer la tige. La portée s'a-
doucira bien plate, avec un fer à adoucir et la
pierre à l'huile, et se polira avec du rouge et
de la potée, par le même procédé : opération qui
aura lieu en même temps pour la tige. Cette portée
ainsi terminée doit empêcher que le dessous de
la roue de centre ne puisse frotter au fond de
la creusure de la platine; la tige polie cylindriquement, ras cette portée, sera le pivot de la
la longue tige, sur lequel la roue tournera.

Le trou du centre de la grande platine s'a-
grandit droit ; car il a été conservé jusqu'alors
plus petit, pour que cette longue tige entrât juste
et libre. La bavure des bords de ce trou s'en-

lèvera soigneusement, afin que la portée plaque sur le fond de cette creusure. Après cette opération, on marque la longue tige d'une petite incision du côté où doit se plaquer le cadran et presque ras la platine, qu'elle débordera de l'épaisseur d'une carte mince : c'est là le point où doit être la portée de la chaussée. Cette longue tige se diminuera alors d'un quart cylindriquement, en observant de ne point dépasser l'incision ; il faut au contraire y arriver juste. On adoucira enfin cette tige, qui alors se trouvera entièrement terminée.

C'est ici le moment d'achever la petite tige qui a été laissée au tiers de sa primitive grosseur. On la diminuera cylindriquement de nouveau d'un tiers, en laissant seulement, près la creusure de la face, une portée formée bien plate et distante de cette face, de l'épaisseur de deux cartes, dans la crainte qu'en adoucissant la tige du pignon, on ne touche sa face, ce qui la gâterait. Cette tige bien cylindrique et bien adoucie, sans traits et la face de sa portée bien plate, se polit alors. La face du pignon se masquera avec un morceau de carte, afin que le brunissoir ne l'altère point, lorsque l'on sera occupé à ce travail. Cette tige étant parfaitement brunie, il ne faut plus qu'y former son pivot.

On prendra pour cet effet un morceau de cuivre semblable à celui avec lequel on a pris la hauteur de l'intérieur du barillet. (Voyez cet article); mais on laisse un peu de jeu, parce que la creusure de la grande platine, destinée à la roue du centre, est un peu convexe. Cette palette marque la hauteur de la tige : avec un calibre dit *à pignon*, on prend juste la hauteur de cette palette; on replace le pignon sur le tour et au *calibre* la distance qui doit exister entre la portée, sous la rivure, et la portée que l'on va former, en faisant ce dernier pivot : distance qui se marque par une petite incision. Du surplus de la petite tige se formeront le pivot et sa portée, comme il a été précédemment détaillé. Ce pignon est alors tout prêt à être mis en cage. On accroîtra bien droit le trou du centre de la platine, du côté de l'entrée destinée au pivot, jusqu'à ce qu'il soit libre et juste. Cette opération achevée permet de mettre ce troisième mobile en cage, à la place qu'il doit occuper : c'est alors l'instant d'ajuster les autres mobiles, en commençant par le barillet qui est le premier de tous, et dont on a donné la description de sa fabrication.

PLACEMENT DU BARILLET.

I.er MOBILE.

On suppose ce barillet de la grandeur et de la hauteur qu'exige la dimension du mouvement que l'on s'apprête à monter ; mais dans sa hauteur il doit exister entre lui et chacune des platines, un jour de l'épaisseur d'une bonne carte. Sa grandeur étant ensuite égale à celle qui lui a été tracée sur le calibre, il ne reste plus qu'à l'ajuster en cage : ce qui se fait de la manière suivante.

On fait à la tige du dessous de cet arbre placé pour cet effet au barillet, une petite incision distante du fond du barillet, de l'épaisseur d'une carte. Cette tige se diminue cylindriquement et d'un tiers de sa grosseur. A la place de l'incision, on fait une portée bien plate, qui s'adoucit et se polit plat, ainsi que le corps de la tige qui doit être assez longue pour déborder l'autre côté de la platine, au moins d'une ligne et demie. Cet excédant est réservé pour former un carré, dont il sera bientôt question.

Ce tigeron qu'on nomme *tigeron d'en bas*, étant fini, il faut achever celui d'en haut, dont on doit

se procurer d'abord la juste hauteur ; ce qu'on
parvient à déterminer, par le moyen d'un petit
compas nommé *maître à danser*, nom qui lui vient
de sa forme particulière ; car, à une de ses extrémités, il a deux jambes droites et deux pieds tournés en dehors, qui s'approchent et s'éloignent à
volonté. C'est avec cet instrument que l'on prend
juste la hauteur de l'intérieur d'une cage. L'autre
extrémité de cet outil a la forme de la moitié d'un
8 de chiffre, dont l'intérieur des deux becs
marque la hauteur que l'on veut obtenir. Pour
avoir la hauteur demandée, on fait entrer dans
la cage les pieds du maître à danser ; on les ouvre
jusqu'à ce qu'ils touchent l'intérieur des deux platines ; on retire cet instrument sans le fermer,
et avec un calibre à pignon, on prend la hauteur qui est justement celle de ses deux dernières
portées. L'un des becs du calibre se pose plaquant,
sous la portée précédemment faite ; l'autre bec touche la tige d'en haut, qui est la place juste de la seconde portée ; place que l'on marque par une incision de laquelle on part pour diminuer le surplus de
la portée qu'on maintiendra plate et de hauteur de
la tige qui se diminuera aussi de près des deux tiers
cylindriquement ; elle s'adoucira ensuite et se polira.

Le barillet se placera alors droit dans la cage.
Une incision que l'on fera à l'axe du côté du ca-

dran et ras la platine , y marquera la limite des
faces du carré, qui ne doit déborder cette limite que d'une bonne ligne, lorsqu'il sera fini,
adouci et poli. On coupera ensuite autour ce qui
pourra excéder cette longueur, ainsi que le surplus
de l'autre tige, mais un peu plus que l'excédant
de la petite platine, afin que le bout de ce pivot n'arrive pas tout-à-fait à fleur, en cas qu'il fût
nécessaire de diminuer un peu l'épaisseur de la
petite platine. On arrondira et brunira ce pivot ;
opération qui terminera le barillet et son axe, qui
se trouveront ainsi ajustés. Ce premier mobile est
le second placé en cage ; lorsqu'il sera ajusté, on
passera au second.

DE LA FUSÉE.

2.ᵉ MOBILE.

La fusée est une espèce de vis conique, sur laquelle se roule la chaînette d'une montre lorsqu'on
la monte. Cette forme convient aux fonctions de
cette fusée, qui consistent à contrebalancer la force
motrice du grand ressort, qui sans elle aurait trop,
lorsque la chaînette y est toute montée, tandis
qu'il lui en resterait fort peu , lorsqu'elle en serait
dégarnie. Cette compensation de force motrice est
une des plus belles inventions de l'Horlogerie por-

tative, en ce qu'elle contribue à la régularité des montres.

Pour fabriquer cette pièce, on coupe un morceau d'acier en carré, de deux lignes de diamètre, qui se lime en cheville, de manière qu'il soit un tiers moins gros à un bout qu'à l'autre ; on le met à huit pans, et on lui fait à chaque bout une pointe bien exactement au centre. Cet acier ainsi préparé se trempe dur et le plus droit possible ; on le fait revenir bronze foncé, afin qu'on puisse en limer le carré qui ne saurait être trop dur.

On taille ensuite un morceau de bon cuivre, un peu plus épais que l'intérieur de la cage ; il se forge plat jusqu'à ce qu'il soit réduit à une égale épaisseur, mais qui sera d'un quart moins épais que cet intérieur de la cage ; il se centrera d'un fort point : on tracera provisoirement une circonférence qui doit être moins grande que sa roue d'environ un sixième ; on le percera au centre d'un trou suffisant pour recevoir le bout d'acier préparé, lequel sera son arbre ou son axe : cet arbre ne doit y être introduit que par le petit bout ; on le chasse dans le trou avec force, jusqu'à ce qu'il soit entré à peu près de la moitié de sa longueur. Dans cette position, il aura plus de corps ; ce qui est nécessaire pour former un bon carré. En chassant cet axe, il faut ménager la pointe sur laquelle on frappe. On y mettra donc un morceau de cuivre épais, sur lequel tomberont les coups de marteau, jusqu'à ce que cet axe soit parvenu au point désiré.

On met un petit cuivrot sur la longue tige sur laquelle on formera par la suite le carré, on monte la pièce sur le tour, et on se sert d'un archer de corde. Cette pièce se tourne seulement ronde sur son champ, et plate sur chacun de ses côtés. On diminue provisoirement la petite tige, qui est le bout le plus gros et le plus court de l'arbre, de la grosseur d'environ moitié dans toute sa longueur ; cette diminution se fait peu en cheville. Le cuivrot de la longue tige s'enlève ensuite, et l'on adapte un autre cuivrot sur la petite, afin de tourner la précédente, ainsi que le côté de la fusée qui correspond à cette partie. Ce côté de fusée aura une forme un peu concave et recevra une profonde creusure, ras la tige, que l'on diminue seulement pour lui donner une rondeur presque cylindrique ; avec un burin à crochet, on y fait une creusure dont le fond sera plat et évasé jusqu'à une ligne du rebord. Sa profondeur doit être d'une demi-ligne ; on fait ras la tige une seconde creusure évasée et conique, mais moins large que la précédente, pour y loger la goutte de la roue. On tourne le dessus du champ, jusqu'à ce qu'il ait le

10

diamètre convenable à la grandeur de sa roue ; on
lui donne une inclinaison du côté de la petite tige,
que l'on débarrasse ensuite de son cuivrot pour
le replacer sur la grande, afin de former le biseau
qui se prend dans les trois quarts de l'épaisseur
de la fusée ; d'où il devra résulter que le bord
de cette fusée, du côté de la petite tige, sera moitié plus petit que celui qui est du côté de la grande,
où on a réservé le quart de l'épaisseur de la fusée.
Ce biseau doit être imperceptiblement creux vers
son centre, afin de pouvoir y graduer les filets
lorsqu'ils y seront taillés.

La longue tige se tourne parfaitement ronde et
moins en cheville qu'un arbre lice, pour que la
goutte de la roue de fusée, qui par la suite doit y
être ajustée, puisse y tenir bien serrée. Cet arbre
ainsi tourné, adouci bien uni, de manière qu'il n'y
reste aucuns traits ni bosses, on le polit ensuite
dans la partie qui joint la fusée et la place de
la roue sous laquelle doit être la partie du pivot
seulement. On y ajuste ensuite la roue dont suit
la description, en observant que les dimensions
déja prescrites et celles qui continueront de l'être,
appartiennent à un mouvement de dix-huit lignes,
qui exige des mobiles proportionnés à sa grandeur
et à sa surface.

La roue de fusée se fabrique avec de bon cuivre

de chaudière, ou en planche, de l'épaisseur d'environ deux lignes, que l'on réduit à cinq quarts en le forgeant. On tiendra le centre un peu plus élevé, afin d'y former une goutte saillante d'une demi-ligne, hauteur qui n'est que provisoire.

Cette roue, après avoir été forgée, étant de grandeur suffisante, on trace sa circonférence un peu plus grande qu'elle n'est marquée sur le calibre, pour la réduire à cette juste grandeur, en finissant de la tourner. On la perce ensuite d'un petit trou au centre, ce que l'on recommande particulièrement; car si ce trou était trop grand, la pièce se déjetant du point centrique de l'outil, ne pourrait être fendue juste. Ce petit trou se dresse avec un équarrissoir que l'on introduit du côté opposé à la goutte, qui est celui par où doit entrer l'arbre lice, afin d'y former facilement cette goutte sur le tour. L'arbre lice que l'on y introduira doit être pour sa grosseur en rapport avec la pointe de l'outil à fendre, pour éviter la déjetée. L'arbre lice y tenant bien serré, la pièce se montera sur le tour, pour y être tournée rondé sur son champ, et mise plate sur sa face où l'on formera une large goutte plate, et d'une demi-ligne de hauteur au centre de la roue; le surplus restera parfaitement plat; le côté opposé se tourne aussi parfaitement plat, en réduisant la roue à trois quarts de ligne d'épaisseur. Enfin l'on donne à la roue sa juste grandeur, telle qu'elle a été tracée sur le calibre; elle est alors en état d'être fendue.

Après que cette opération aura été faite, et que la roue aura le nombre de dents déterminé, on passera un équarrissoir du côté de la goutte de cette roue, pour en dresser le trou et ensuite y ajuster un arbre lice sur lequel on fixera la roue bien droite et serrée; elle sera replacée dans cet état sur le tour. Avec un burin à crochet, on fera près de l'arbre une creusure plate, d'environ deux lignes un quart de diamètre, et profonde des deux tiers de l'épaisseur de la roue; cette goutte est destinée à recevoir et à maintenir par pression l'arbre de fusée; on termine cette creusure, en l'adoucissant et la polissant. Il ne s'agit plus que d'ajuster la fusée.

Pour parvenir à ce but, on commence par accroître droit le trou de cette roue, jusqu'à ce qu'elle puisse entrer à moitié, ou tout au plus aux trois quarts de la longue tige de la fusée; on la place ensuite sur un arbre lice ou à *rebours*.

Ce dernier arbre diffère du premier, en ce que son centre est muni d'une plaque d'appui, qui est fortement fixée. Sa tige parfaitement droite est taraudée dans toute sa longueur; elle est en sens contraire des tarauds ordinaires, qui tournent de gauche à droite. Cet arbre porte sur son tarau une goutte conique qui y entre juste et libre, afin de centrer les pièces qu'on y fait porter, quoiqu'elles aient les trous un peu plus grands. Ces pièces y sont retenues par un écrou taraudé à rebours, pour qu'il ne se desserre pas en tournant; ce qui gâterait les pièces. L'arbre étant donc ajusté, la pièce se monte sur le tour pour y fixer la goutte de la roue, et l'on enlève bien exactement la bavure et le feu du tour de cette face qui doit être plate et bien unie.

La creusure de goutte de fusée ayant environ deux lignes de diamètre, la goutte de la roue doit avoir deux lignes trois quarts de diamètre, afin de donner du corps au fond de la creusure. Son élévation, d'un tiers de ligne, doit être un peu convexe; elle s'adoucit et se polit parfaitement. Le surplus de cette face s'adoucit bien plat, au tour, avec une lime bien douce, et ensuite avec la pierre à eau.

Tous les traits étant exactement effacés, la pièce se démonte de dessus l'arbre; on l'ajuste ensuite plaquante à la fusée, et fortement serrée sur son axe.

Cette roue ainsi bien plaquante et ayant définitivement l'épaisseur qu'elle doit avoir ; on fait une petite incision sur sa tige , à la distance de l'épaisseur d'un quart de ligne de sa roue , laquelle incision désigne la place de la portée de son pivot.

Cette tige ayant environ une ligne et demie de diamètre , vous la diminuerez cylindriquement , dans toute sa longueur , d'environ moitié , à partir de la marque ci-dessus décrite ; en observant de tenir la portée bien plate , de l'adoucir et de la bien polir ; on adoucit et l'on polit de même le corps de cette tige.

Ce travail étant amené à point , vous accroîtrez droit le trou de fusée de votre grande platine , jusqu'à ce que la tige y entre juste et ras la portée ; et avec une petite lime bien douce vous limez bien plat la bavure des bords du trou , en ayant soin de ne rayer que le moins possible la platine. Vous adoucissez bien plat et ébiselez très-légèrement le bord du trou , pour en ôter le vif ; alors vous y replacez la fusée , afin de vous assurer si la portée plaque bien à la platine ; ce qui étant obtenu , donne la facilité de marquer la portée du carré du cadran , à l'épaisseur d'une carte au-dessus de la platine , pour que le carré de la clef , lorsqu'on la remontera , n'enlève pas l'huile de l'ébiselure qui sera pratiquée au trou de ce côté.

Cette marque étant faite, vous remettrez votre pièce sur le tour, pour tracer dans cet endroit, à la pointe du burin, un petit trait tout autour, afin que les faces du carré de cet axe ne soient pas plus longues les unes que les autres.

C'est alors qu'on peut faire le carré qui doit être deux fois plus long qu'il ne doit rester. On conservera sa pointe bien au centre, pour donner aisance de tailler à l'outil les filets de la fusée.

Pour faire ce carré bien cubique, vous introduirez la tige de la goutte dans le trou centré d'un morceau de cuivre plus large que la fusée, lequel sera limé parfaitement carré, et tenu sur ladite tige par le moyen d'un fort frottement : les faces de cette plaque, chacune tenue bien droite, vous indiquent qu'il faut y pousser pareillement la lime pour en obtenir le même résultat. Mais avant de limer le carré, vous introduirez sur son pivot une carte recouverte d'une petite virole de cuivre épaisse de la longueur du pivot, afin de le garantir des effets de la lime.

Alors vous placerez entièrement et bien carrément votre petite tige de fusée, dans le centre de la mâchoire de votre tenaille à boucle, dont vous tiendrez la coulisse bien serrée, pour qu'elle ne vacille pas. Votre bois à limer, convenablement fixé

à votre étau , vous y placerez votre tige du carré ;
vous limerez provisoirement et également dans
toute leur longueur , chacune des quatre faces à
moitié de la profondeur qu'elles doivent avoir, afin
de vous corriger , dans le cas où ces faces vien-
draient à être penchées plus d'un côté que de l'autre ; ce à quoi il faudra bien faire attention. Il
faut aussi observer de ne faire porter contre le côté
de la petite virole qui garantit le pivot , que le
côté de la lime qui ne mord pas , et ne limer que
peu à peu chaque face , afin de mettre le carré bien
au centre , en faisant attention de ne creuser chaque face que jusqu'au point nécessaire, pour qu'on
aperçoive encore un peu aux angles le feu du poli
qu'avait la tige lorsqu'elle était cylindrique : ce qui
indiquera que le carré est bien de même grosseur
d'un bout à l'autre , et bien centré.

Pour bien finir ce carré , vous remonterez votre
pièce sur le tour, pourvue de sa plaque carrée ; et
avec un fer avivé plat et de la pierre à l'huile détrempée , vous en adoucirez plat chaque face :
par ce moyen , vous acheverez de mettre bien
égales , bien plates et sans traits , les parties de
chaque face , et surtout bien égales de hauteur.

Alors vous ôterez de dessus le pivot la petite
virole et la carte qui y ont été mises pour leur
conservation. Vous nétoyerez bien votre carré et

le polirez ensuite, ce qui le rendra provisoirement fini.

Vous détacherez alors la pièce carrée en cuivre, vous remettrez en place la roue, et vous placerez ainsi la fusée dans le trou de sa grande platine ; vous ôterez de place votre pont de fusée, et accroîtrez celui de la petite platine qui y communique, jusqu'à ce que la petite tige de la fusée y entre librement ; ensuite vous monterez votre cage, pour reconnaître de combien cette tige s'y trouve trop haute, afin de l'y ajuster à une bonne demi-ligne de distance de la petite platine. Pour opérer ce travail, vous placerez sur le bout du carré un cuivrot à vis ; vous monterez ainsi la pièce sur le tour, et vous finirez le dessus de la fusée bien plat et même imperceptiblement concave ; ensuite vous finirez votre petite tige que vous tournerez pour cet effet en cheville, c'est-à-dire, qu'elle aura au collet l'épaisseur de cinq quarts de ligne, et qu'elle en aura plus de trois quarts près sa portée ; vous l'adoucirez et la polirez, puis vous remonterez cette pièce en cage, pour tracer sur sa tige la place de la portée de son pivot d'en haut, que vous tracerez de l'épaisseur d'une carte, plus haut que le dessus de la petite platine. Vous ôterez la pièce de la cage et garnirez de nouveau le bout du carré d'un cuivrot à vis ; ensuite vous la monterez sur le tour, pour

y faire le pivot et sa portée à l'endroit marqué.
Alors vous dégrossirez bien cylindriquement ce
surplus de la tige, jusqu'à ce qu'il ne soit plus que
d'un bon tiers de grosseur, en observant de maintenir plat la portée que vous adoucirez et polirez
ainsi que son pivot, dans toute sa longueur, de
la même manière que pour le pivot d'en bas.
Cette opération faite, et dans le cas où le tigeron
du pivot d'en haut serait de beaucoup trop long,
vous le couperez autour pour que la pointe se maintienne centrée. Vous roulerez ensuite cette pointe
et ne lui laisserez provisoirement que deux lignes
et demie au plus de longueur, pour donner aisance à l'outil de tailler les filets de la fusée;
vous replacerez le pont de fusée sur sa petite
platine, afin d'ajuster et de dresser son trou à la
demande de son pivot et de sa portée. Alors vous
remettrez votre pièce en cage, afin de reconnaître
ce qu'il faut lui donner de jeu en dessous de la
tête du pont; jeu qui dans cette partie ne doit
pas être plus grand que l'épaisseur d'une feuille
de papier, lorsque la petite platine plaque bien
sur ses piliers; car il est essentiel que la pièce
dont il s'agit, soit juste et libre. J'ai dit plus haut
qu'il devait rester entre la platine et le dessus
de la fusée, un vide de l'épaisseur d'une bonne
demi-ligne. Cela est nécessaire pour fixer à cette
dernière le crochet de guide-chaîne, qui est de

l'épaisseur d'une carte ; lequel doit être distant
de la platine, afin de n'y pas frotter ; ce qui occasionnerait un arrêt et ferait fatiguer le ressort.

FABRICATION DU CROCHET DE FUSÉE.

Pour faire ce crochet, vous couperez un morceau d'acier en feuille, de l'épaisseur d'un tiers
de ligne, bien dressé plat : vous en ferez un carré,
provisoirement un peu plus grand que le dessus
de la fusée ; vous le centrerez par un trait carré,
vous y percerez un trou et tracerez la circonférence de ce crochet, qui ne doit pas déborder
le dessus, mais y arriver juste. Vous limerez tout
autour du trait, trois angles les moins bons,
et la moitié diamétrale du quatrième, jusqu'auprès du trait, sans le dépasser ; ce qui donnera à
cette plaque une forme de limaçon, dont l'angle
restant sera l'arc-boutant d'un autre arc-boutant, nommé *guide-chaîne.* Alors, avec une lime
douce, vous limerez bien plat les faces de cette
pièce, jusqu'à ce qu'elles soient d'épaisseur convenable, et que le feu ou soufflure de la forge en
soient disparus. Vous limerez aussi le bord de sa
circonférence, bien plat, ras le trait, sans le dépasser, mais au contraire pour y arriver juste ;
ensuite vous agrandirez le trou, en sorte qu'il

tienne un peu à frottement au collet de sa tige,
et qu'en cet état il plaque sur le dessus de la fusée.
Alors, sur sa face extérieure, entre le centre du
pied du crochet de cette plaque et le bord de son
trou, qui est placé à son centre, vous y marquerez
diamétralement un point qui indiquera juste le milieu de la distance qui existe entre le bord de
ce trou et celui de sa circonférence; ce point
sera percé d'un petit trou, et par ce dernier,
vous en marquerez un sur la fusée que vous percerez tout au travers de son épaisseur, lequel
sera taraudé petit, pour servir d'écrou à une petite
vis, dont la tête conique sera noyée dans l'épaisseur de son crochet, en dessus; lequel dessus
sera reconnu en ce que l'arc-boutant de ce crochet, lorsqu'on agitera l'encliquetage, arrivera pour
arc-bouter entre la fusée et le barillet, et au guide-
chaîne qui y sera convenablement placé. Vous sau-
rez alors de quel côté faire la noyure de la vis
de ce crochet. Vous y ferez cette noyure, vous
agrandirez un peu le centre du crochet, pour qu'il
entre librement sur sa tige, afin qu'il plaque bien
sur la face supérieure de sa fusée. Vous ferez sa
vis bien en plein de sa noyure, sans la déborder;
vous tremperez ce crochet, et le ferez revenir
paillé; vous l'adoucirez et le mettrez en place.
Il faudra ensuite travailler à l'encliquetage de
cette fusée et commencer par le ressort.

RESSORT D'ENCLIQUETAGE.

Ce ressort se fait ordinairement en cuivre bien
forgé, se perce, se prépare et se tourne comme
pour faire une petite roue moyenne, un peu épaisse.
Arrivé à ce but, vous vous servez d'un burin à
crochet, pour en détacher la circonférence, large
d'un tiers ou d'une demi-ligne et un peu moins grand
que le bord de la creusure de la fusée, pour qu'il
puisse aisément s'y loger. Alors vous le mettrez
d'épaisseur convenable pour qu'il n'empêche pas la
roue de plaquer, et vous diminuerez à la lime
environ une cinquième partie du bord extérieur
de ce ressort, que vous amenerez à la moitié de
la largeur de son champ, en observant de laisser
un peu plus étroit le côté qui doit former le petit
bout de ce ressort, près duquel il doit être séparé
et être distant de trois lignes de la partie à laquelle
il était joint, que l'on coupera, afin d'obtenir cette
séparation. Le ressort du cliquet se trouvant alors
formé, vous le centrerez bien sur sa roue et l'y
fixerez avec une pince à coulisse ; vous partagerez
en trois les quatre cinquièmes restans, par le moyen
d'un point que vous marquerez au centre de cette
division ; et sur le centre du ressort vous mar-

querez en outre un autre point au centre de chacune
des extrémités de son corps. Vous percerez ces trois
points avec un foret dont la mèche sera tout au
plus d'un tiers de la largeur de ce ressort. Vous
percerez aussi en même temps la roue, vous ébi-
sélerez un peu ses trous, pour loger les rivures
des goupilles qui l'y tiendront plaqué ; ensuite vous
goupillerez le ressort à la roue, que vous riverez
des deux côtés, pour qu'il ne puisse s'en détacher.
Vous effacerez ces rivures avec la pierre à eau,
vous polirez le dessus et ferez le trou pour y
placer le cliquet, s'il n'a pas été fait d'avance.

FABRICATION DU CLIQUET.

Le cliquet est une espèce de petite virgule en
acier, portant un pivot sous sa plus grosse extrémité, lequel se loge dans un trou fait sur la même
circonférence de son ressort, près le petit bout de
ce dernier, qui doit le faire mouvoir par le dos à sa
droite, pour le faire engrener par l'autre extrémité, dans la roue d'encliquetage. L'extrémité de
ce pivot se rive à la roue du côté de la goutte de
fusée, sans l'empêcher de se mouvoir librement.
Son arc-boutant doit être un peu plus long que
le fond de la denture de la roue d'encliquetage, afin

de n'être pas susceptible de se tourner à revers,
lorsqu'on montera la chaînette sur la fusée, étant
fait lui-même pour l'y maintenir, en supportant
seul tout l'effort du grand ressort. Vous observerez, lorsque vous aurez fixé le cliquet, de ne
pas le tenir plus haut que le dessus du ressort,
afin qu'il ne touche pas au fond de la creusure,
ce qui lui ôterait la liberté de ses fonctions.

Ce cliquet étant fait et placé, il faut maintenant s'occuper de la roue d'encliquetage.

ROUE OU ROCHER D'ENCLIQUETAGE.

Sa grandeur prise avec le calibre à pignon,
est l'espace qu'il y a au centre du ressort d'encliquetage, c'est-à-dire que le dos des deux pointes
du calibre touche diamétralement les bords intérieurs du ressort, pour faciliter le jeu de l'arc-
boutant du cliquet. La roue faite de la grandeur
prise ci-dessus, et provisoirement un peu plus
épaisse que la creusure de la fusée n'est profonde,
sera fendue en rocher; c'est-à-dire que toutes les
faces de ses dents seront autant d'arcs-boutans,
de manière qu'elles seront en petit ce que l'arc-
boutant de la fusée est en grand. Le nom de rocher

qu'elles portent, exprime la force qu'exigent leurs
actions.

Le nombre de la denture du rocher est indé-
terminé et toutefois proportionné à l'étendue de
sa circonférence. Il ne faut pas que les dents soient
trop grosses, vu que l'engrenage serait trop fort
et donnerait au cliquet de violentes secousses, qui
le fatigueraient ainsi que son ressort, et qui af-
faibliraient la partie par où l'arc-boutant doit être
fixé à la fusée, laquelle partie doit avoir toute
la solidité possible, solidité qu'on ne saurait trop
lui conserver. Dans le sens contraire, si cette denture est trop fine, c'est-à-dire trop nombrée, elle
manquera de force, son engrenage sera trop doux,
donnera peu d'action au cliquet et à son ressort,
qui alors cesseraient leurs fonctions s'ils venaient
à s'engommer, et feraient dévoyer la fusée et casser
la chaînette. C'est donc au juste milieu qu'il faut
se tenir. Dans ce cas, quarante-quatre dents seront proportionnées à la grandeur de la fusée du
mouvement à confectionner.

Cette roue ainsi fendue, vous en accroîtrez le
trou jusqu'à ce que le rocher plaque au fond de la
creusure de la fusée, lequel tiendra à frottement
sur son axe, en observant de l'y faire entrer du
côté convenable, pour que l'arc-boutant des dents
soit d'accord avec celui du cliquet. Alors, à un quart

de ligne du fond des dents, vous diviserez par trois points cette roue en trois parties ; vous percerez un des trois points tout au travers du rocher, qui, en le traversant en place, marquera à la fusée le trou communiquant au trou déjà percé au rocher ; pour le pied qui y sera introduit, vous percerez ce second trou le plus avant possible, et accroîtrez un peu celui du rocher ; vous le remettrez en place, vous ébiselerez le trou du rocher et y mettrez un pied qui le tiendra provisoirement à la fusée. Vous percerez pareillement et avec les mêmes précautions les deux autres trous, et y ajusterez des pieds, qui aussi provisoirement n'entreront que du bout dans leurs trous correspondans ; puis vous couperez les pieds de la longueur d'une ligne au-dessus du rocher, et vous mettrez leurs bouts plats, pour les chasser perpendiculairement, et pour qu'ils se tiennent rivés au rocher ; ce qui étant obtenu, vous placerez votre fusée sur le tour, afin de former au rocher une creusure qui emporte tout son centre à la largeur de la goutte de la roue de fusée, qui doit être logée dans ce vide ; ensuite vous formerez un biseau intérieur à la face du rocher, et il sera fini et mis en place, et pourra en cet état remplir sa fonction à la main, quoique sans la goutte de l'axe de fusée, goutte de laquelle elle ne peut se passer en cage. Nous allons parler de cette petite pièce.

GOUTTE DE FUSÉE.

Cette petite pièce en acier est une petite virole tenant à fort frottement sur la partie de l'axe de la fusée en dedans de la creusure de sa roue, pour tenir cette dernière plaquante à la fusée, sans empêcher que l'axe ne soit mobile dans cette roue.

Pour faire cette goutte, vous percez un morceau d'acier plat et épais de trois quarts de ligne; vous y ferez un trou approchant de la grosseur de l'arbre de fusée, que vous n'accroîtrez que ce qu'il faudra pour que le bord de l'arbre commence à y entrer, au-dessus de la portée du côté où se place la roue. Vous fixerez à la plaque d'acier un arbre lice, et le monterez sur le tour, et vous tournerez la plaque de grandeur et épaisseur convenables à la creusure de la roue dans laquelle elle doit être logée juste et libre, et vous y tournerez plate la face du côté où l'équarrissoir est entré pour l'accroître; vous tournez alors le côté opposé en goutte de suif. Vous observerez qu'il ne saillisse point hors de sa creusure; ensuite, avec une petite lime bien douce, vous en effacerez le feu du burin et arrondirez le vif de ses bords; vous dresserez plat sa face plate que vous adoucirez lorsqu'elle

seratrempée; vous la ferez revenir bleue, ce qui est
sa dernière façon, à moins que vous n'aimiez mieux
l'adoucir et la polir. Cette dernière opération la
rend susceptible d'être mise en place, et com-
plette entièrement cette fusée prête à recevoir ses
filets.

Remarque sur l'outil à tailler la fusée et l'outil à fendre.

On taille les fusées, par le moyen d'un outil fait
exprès pour ce seul travail, et qui n'est guère mis
en action que dans les fabriques, parce qu'il est ex-
traordinaire en réparation, d'avoir une fusée à refaire, ce qui n'arrive pas une fois tout au plus
dans cinq ans. Cet outil extrêmement coûteux, vu
sa grande complication, exige en outre une étude
particulière pour le mettre en action.

Il n'en est pas de même de l'outil à fendre les
dentures des roues; ce dernier, quoique très-com-
pliqué, par conséquent très-coûteux et exigeant
aussi une étude pour le mettre en action, est cependant plus souvent employé que le précédent; ce
qui le rend presque indispensable à un horloger.

DE LA PETITE ROUE MOYENNE,

4.e MOBILE.

Les trois mobiles ci-dessus étant faits, nous allons présentement traiter du quatrième mobile nommé *petite roue moyenne.*

Cette roue toute préparée, vous la mettrez d'épaisseur convenable à son diamètre, bien égale sur sa circonférence, et ensuite vous l'adoucirez bien plate avant que d'y river son pignon.

Le pignon de cette roue portant le nombre six à une longue tige toute unie, cylindrique dans toute sa longueur jusqu'à la face, cette tige de pignon doit porter une pointe bien au centre de son extrémité, afin qu'on puisse la tourner ronde, en ne la diminuant au burin que le moins possible.

Pour faire ce pignon, vous choisirez une branche d'acier à pignon, de grosseur et de nombre convenables; et sur votre bois à limer, vous y appliquerez de la main gauche le bout de votre tige; et de la main droite, avec une lime à fendre, pour former la longue tige du pignon, longue de 4 lignes, vu que la cage est haute; vous inciselerez

tout autour votre tige, jusqu'auprès du corps, sans
l'entamer; ce qui étant fait, vous dépouillerez le
corps de ses ailes inutiles, ce qui le mettra à nu;
vous taillerez pareillement le corps du pignon,
long de cinq bons quarts de lignes du côté de la
petite tige, que vous détacherez ensuite de la branche de pignon, en lui laissant seulement une longueur suffisante pour y former un petit tigeron et
une pointe au bout, pour y placer au besoin un
cuivrot. Votre pignon ainsi ébauché, les pointes
bien centrées et pourvues d'un cuivrot, vous le
monterez sur le tour, pour y bien redresser les
tiges avec la tranche du marteau; ce qui étant obtenu, vous mettrez le corps des ailes du pignon
rond par les pointes du bout des tiges; vous tâte-
rez les ailes avec le burin de cuivre, pour vous assurer s'il est rond, comme vous avez opéré pour
le pignon du centre; vous observerez en le tournant de faire grande attention à ne le pas fausser; ce qu'il faut reconnaître souvent.

La rivure de ce pignon est formée d'une partie
de son corps; elle se fait sur le pignon du côté de la
petite tige; on donne à cette rivure la longueur
de l'épaisseur de la roue; les griffes ne doivent pas
déborder, mais bien effleurer. Cette rivure doit être
pourvue d'une forte creusure conique, à partir du
corps de la tige, à revenir aux pointes des griffes,

comme au pignon du centre, ainsi qu'aux autres
pignons, qui ne diffèrent de celui-ci que par la
longueur de leurs ailes et de leurs tiges et la position de leurs rivures.

Ce pignon maintenu rond et tourné de même, se
flanque et s'arrondit comme celui du centre, suivant la forme qu'on veut lui donner, en observant
de laisser entre les ailes plus de vide que de plein,
c'est-à-dire trois cinquièmes, afin de faciliter les
leviers ou dents de la roue à passer avec moins de
frottement ; c'est le moyen d'obtenir un bon engrenage.

Ce pignon ainsi mis rond, tourné et flanqué,
arrondi, trempé et revenu bleu foncé, vous le re-
dressez comme suit, ainsi que ceux de la roue
de champ et de la roue de rencontre ; ce qui est
différent que pour le pignon du centre.

Vous replacez sur le tour votre pignon, le tâtez
au burin de cuivre, afin de reconnaître les ailes
qui touchent d'avec celles qui ne touchent pas.
Alors vous ôtez du tour votre pignon, sans effacer
la marque du burin, et vous reconnaissez de quel
côté est la cavité de la tige faussée, cavité qui se
trouve du côté où les ailes ne touchent pas. Avec
la main gauche vous tenez le pignon par le cuivrot qui y est placé, vous plaquez la bosse de

sa tige sur un tasseau d'acier, le centre de sa cavité en dessus; et de la main droite, avec la tranche
d'un petit marteau, vous frappez un peu fort dans
la cavité et non sur la bosse, jusqu'à ce qu'il se
redresse, ce dont vous vous assurerez en replaçant le pignon sur le tour, en le tâtant de nouveau.

Ce procédé est surprenant pour les personnes
qui ne savent pas qu'un corps dur comme l'acier
trempé, peut se redresser par un contre-coup :
ce n'est que l'expérience qui l'a démontré; c'est encore elle qui a enseigné à redresser une longue
tige d'acier trempé, sans la recuire; comme par
exemple, un burin qui doit toujours être dur, une
épée, un fleuret et d'autres. Pour les redresser,
vous avez une chandelle allumée devant vous, et
avec les deux mains vous prenez par chacune de ses
extrémités, la pièce faussée, le plus près possible
de sa bosse : vous présentez ainsi la bosse près de
la flamme de la chandelle, sans trop chauffer, en
appuyant fortement pour faire fléchir la bosse,
qui par ce moyen se redresse et disparaît.

Il est encore un autre moyen de redresser les
tiges de pignons; c'est de plaquer une de ces tiges
sur un tasseau de cuivre, la bosse en dessus,
que l'on frappe avec la tranche du marteau; mais
je fais observer que d'une manière comme de l'autre, on n'est pas exempt de les casser; et si les

pignons n'avaient pas leur degré de trempe, ils
seraient de médiocre valeur.

Par un de ces procédés, votre pignon remis parfaitement rond, vous adoucirez et polirez les ailes,
vous tournerez rondement et cylindriquement les
tiges dont vous adoucirez seulement la grande que
vous polirez ou brunirez ensuite, comme vous avez
dû opérer sur la petite tige du pignon du centre.
Cela fait, votre pignon est prêt à être rivé sur sa
roue, ce qui s'opère de même que pour river
le pignon de la grande roue moyenne. Vous ferez
alors à la roue dont nous traitons, et près son
pignon, les creusures nécessaires pour lui donner
de la grâce.

Ce pignon rivé d'une manière fixe à sa roue
qui doit tourner bien ronde et bien droite, sans
pour cela fausser les barrettes de la roue ni les
tiges du pignon, est alors disposé à recevoir le
poli du côté de sa face, sans creusure. Mais
avant d'entreprendre ce travail, vous ferez à la
roue joignant le corps du pignon, une petite creusure concave, évasée, et près la rivure une autre
petite creusure convexe de la même grandeur, afin
de donner de l'élégance à cette pièce.

Je passe à un autre travail. Pour ajuster en
cage, vous vous servirez des pieds du maître à

danser ; c'est avec cet outil que vous prendrez la
hauteur de l'intérieur de votre cage, ou par les
autres moyens employés pour la roue du centre
et l'intérieur du barillet ; et vous prendrez cette
hauteur entre les deux becs du calibre à pignon,
pour fixer l'endroit des portées des pivots.

Le pivot de longue tige se lève le premier. Pour
connaître la place de sa portée, vous posez l'un
des becs du calibre sous la rivure, à distance
de l'épaisseur d'une carte, tandis que l'autre touche la longue tige qui marque l'endroit où doit
être la portée ; vous y tirez un petit trait plus
en dehors qu'en dedans, et vérifiez de nouveau
si la distance est bien conforme à la mesure prise,
ou de combien elle est écartée, afin de la rectifier ; et alors vous leverez au burin votre pivot
de la longueur et de la grosseur convenables,
en observant que celui de la longue tige doit être
un peu moins gros que celui de la petite tige, vu
que ce dernier supporte un effort, en remontant
la montre, qui le ferait casser s'il était trop fin.
C'est d'après l'expérience que j'en fais l'observation.

D'après sa portée fixée au lieu où elle doit
être, le pivot de longue tige du pignon sera tourné
cylindriquement dans toute sa longueur, et diminué
au moins de moitié de la grosseur de sa tige ;
et lorsqu'il sera détaché du jet superflu, il sera

réduit au quart de la grosseur de cette tige, par le moyen de la lime à pivot sur la pointe à rouler les pivots, avec laquelle lime on observera de tenir la portée bien plate; ensuite, avec un brunissoir à pivot, et par le même procédé, vous brunirez bien le corps du pivot ainsi que sa portée; alors, avec une pointe en cuivre, dite *pointe à lanterne*, que vous mettrez au tour, en place de la pointe à rouler, vous y introduirez le pivot dans l'un des trous de cette pointe le plus convenable et presque ras sa portée; et avec une lime bien douce à pivot, vous le réduirez à la longueur convenable, c'est-à-dire des trois quarts de l'épaisseur de la petite platine, pour que le quart de surplus puisse permettre de pratiquer une ébiselure, pour servir de réservoir à l'huile, qui par la suite sera mise au trou du pivot.

Ce pivot ainsi établi sur la pointe à lanterne, y sera aussi arrondi par le bout, avec une petite lime douce à arrondir, usée, et avec un petit brunissoir fait de la même forme. Vous brunirez bien le bout de ce pivot, afin qu'il ne gratte pas, ce qui pourrait occasionner un arrêt, lequel défaut se reconnaît en frottant le bout du pivot sur l'ongle, pour voir s'il raye; dans ce cas, il faudra le brunir de nouveau, jusqu'à ce qu'il ne raye plus.

Ce pivot ainsi bien roulé et bien bruni, il ne

reste plus à faire qu'un biseau à sa portée, qui la diminue de moitié de largeur et dans la forme d'un cône court, pour que cette partie n'ait pas trop de frottement, et que le bout de la tige ait plus de grâce; et cela fait, vous roulerez ce pivot de nouveau avec le brunissoir, afin d'en effacer la bavure.

Ce pivot ainsi confectionné, vous ôterez le cuivrot de dessus la petite tige du pignon, pour le replacer sur le milieu de la longue tige bien fixé; et avec le calibre à pignon, vous mesurerez la place où doit être la portée du pivot d'en bas, c'est-à-dire, en dessous de la roue; mais avant de former cette portée, vous ferez la creusure convenablement à la rivure du pignon, et ensuite vous leverez le pivot de la longueur des trois quarts de l'épaisseur de la grande barrette dans laquelle il doit entrer, et qui doit avoir (et cela autant que le cadran le permet) la même épaisseur que la petite platine, pour y pratiquer des ébiselures ou réservoirs. Lorsque vous aurez levé ce pivot, et que sa portée sera juste de hauteur, vous le roulerez et le finirez comme le précédent, jusqu'à ce qu'il soit réduit à un tiers de la grosseur de la tige, vu l'effort du remontoire dont il a été parlé ci-dessus; vous mettrez son tigeron un peu en cheville, pour que sa portée ne soit pas trop large; et ce pi-

gnon de petite roue moyenne sera fini et prêt à
être posé en cage.

PIGNON DE LA ROUE DE CHAMP,

5.e MOBILE.

La petite roue moyenne ayant son axe terminé,
c'est de celui de la roue de champ dont il faut
s'occuper ensuite. Ce pignon doit avoir le corps
plus long que le précédent, afin de tenir sa roue
au centre du vide de sa cage : le champ de cette
roue ne doit avoir que le cinquième de la largeur
de ce vide, pour qu'elle ait plus de grâce. Il faut
tailler le corps du pignon dont il s'agit d'environ
trois cinquièmes de longueur du vide, afin d'avoir
l'aisance de l'amener à presque moitié, sa juste
hauteur et sa rivure comprises. Lorsqu'il est tourné,
il se taille comme le précédent, à la différence
près que sa longue tige est un peu plus courte que
celle de la petite roue moyenne, tandis que sa
petite tige doit avoir la même longueur que celle
de cette même roue. La rivure du pignon de roue
de champ se forme du côté de la longue tige,
ce qui diffère de la rivure du précédent pignon,
laquelle au contraire a été pratiquée du côté de
la petite tige.

Ce pignon de roue de champ se prépare au tour comme le précédent ; il se flanque, s'arrondit, se trempe, se fait revenir, se redresse, s'adoucit et se polit de même. Sa longue tige se tourne, s'adoucit et se brunit avant d'être rivée à sa roue. Mais préalablement il faut que cette roue soit fendue croisée et dépourvue de ses bavures, qu'elle soit dressée plate et adoucie à la pierre à eau par-dessous et par-dedans ; son champ doit aussi être bien plat et bien adouci : ce qui la rend prête à être rivée.

Le pignon de champ amené à ce point, se rive comme les précédens. Les grâces de la roue près la rivure, se font aussi de même que celles de la précédente ; dans cet état la roue de champ est prête à être ajustée en cage. Pour y parvenir, vous prenez la hauteur qu'il y a de l'intérieur de la cage à partir de la petite barrette jusqu'à la petite platine, en employant les mêmes procédés que pour la précédente roue, c'est-à-dire la hauteur comme vous en prenez la dimension, entre les deux becs du calibre à pignon, que vous communiquez ensuite au pignon de champ.

Vous placez un cuivrot à vis sur le corps de ce pignon, de manière que la face le déborde ; vous le montez ainsi sur le tour. Votre pièce gar-

nie d'un archer, vous placez un des becs du calibre sous la face du pignon, à l'épaisseur d'une
carte de distance de cette face ; et par l'autre bec,
vous marquez à sa longue tige l'endroit où doit
être la portée de son pivot qui doit se lever le
premier, par les mêmes procédés qu'au précédent pignon. Cela étant terminé, vous repasse-
rez sur la longue tige un cuivrot, pour donner
facilité de tourner la petite tige en cheville, et
de former un petit filet au pied des ailes de ce
pignon, avant de faire la face, afin que lorsqu'elle
sera faite, elle ait plus de grâce. Vous adoucirez
cette face bien plate et la polirez de même, et vous
leverez ensuite le pivot comme les précédens ; et
cette pièce sera prête à être placée en cage, Pour
établir cette roue et les précédentes à leur engrenage, il faudrait qu'elles fussent égalisées et
arrondies. Ce travail ne s'opère provisoirement
que sur quatre à cinq dents de chaque roue ;
ce qui donne la facilité de faire les opérations
dont il est question, vu que les dentures ne s'achè-
vent d'égaliser et d'arrondir que lorsque toutes les
pièces du mouvement sont faites et ajustées. Vous
plantez à votre barrette avec l'outil à planter, le
trou de la roue de champ, par le moyen du trou,
qui d'avance a été percé à votre petite platine. Ce
trou ainsi marqué, vous le percez un peu plus
petit que le pivot, afin de pouvoir l'accroître droit,

et pour que le trou soit intérieurement bien uni, et que son pivot y entre juste, c'est-à-dire qu'il n'ait de jeu seulement que pour y être libre. C'est de ce trou et de celui de la roue du centre de cette même grande platine, que doit être marquée la juste place du trou de la petite roue moyenne, par le moyen d'un compas d'engrenage.

COMPAS D'ENGRENAGE.

Cet outil, d'ingénieuse et très-utile invention pour cet art, surtout lorsqu'il est parfaitement juste, sans quoi il serait de nulle valeur, sert à former sur lui-même les engrenages, pour les recommuniquer à la platine, par le moyen de deux des quatre pointes tenant à ses quatre poupées, semblables à deux petits tours à pointes sans supports, réunis par une charnière mutuelle. Ces pointes ont un trou co-nique du côté de leur intérieur, dans lequel s'in-troduit le bout des pivots des deux roues que l'on monte sur cet outil, pour former juste l'engrenage de l'une des roues avec l'un des pignons, par le moyen d'une vis de pression qui sert à ouvrir ou fermer sa charnière, laquelle est soutenue par un ressort tenu des deux bouts, pour empêcher que la charnière ne s'ouvre ou ne se ferme par un autre moyen que celui de cette vis qui doit le faire agir.

Ces pointes extérieures bien centrées et bien pointues servent à communiquer et à tracer l'engrenage qui a été fixé sur cet outil, sur la platine ou
la barrette, comme il va en être question ci-après.

Il faut d'abord former juste son engrenage sur
cet outil. Pour y parvenir, je suppose que ce soit
celui de la roue de champ avec la petite roue
moyenne : vous ouvrirez votre compas d'engrenage
un peu plus qu'il ne le faut, pour avoir l'aisance
d'y placer ces roues, en observant auparavant
que les deux pointes extérieures du côté de l'outil, destinées à tracer l'engrenage (lequel côté
est celui des pignons), soient bien fixées à leurs
poupées, en les débordant également. Alors vous y
placez le pivot de l'une des roues du côté du pignon ; et dans la pointe qui lui est opposée, vous
introduisez celle de l'autre pivot dit de la tige, par
le moyen du rapprochement de cette dernière
pointe de l'outil, près celle de ce pivot.

Cette opération pour l'autre roue se fait par les
mêmes procédés, en observant que chacune des
roues soit libre dans ses pointes, sans cependant
avoir trop de jeu.

C'est alors qu'en dévissant peu à peu la vis de
charnière, la roue se rapprochera de son pignon,
pour en fixer l'engrenage. On doit bien se garder

de trop desserrer cette vis, afin de ne pas casser ou fausser les pivots par un trop fort engrenage, qui doit être proportionné à la forme, au nombre et à la grosseur des pignons ; c'est-à-dire qu'un pignon juste de grosseur, mais dont les ailes auraient autant de vide que de plein, serait par-là mauvais, parce qu'il exigerait un engrenage faible, qui le rendrait susceptible de coter et former arrêt ; au lieu qu'ayant un peu plus de vide que de plein, on pourra faire l'engrenage juste, ce qui l'empêchera de coter.

Comme c'est de l'engrenage des pignons de six dont je veux faire ici la description, par la raison que ceux qui sont plus nombrés se font plus faibles, en proportion du nombre des ailes des pignons de ces petits mobiles, on se conformera donc, pour les premiers, aux moyens que j'indique ci-après.

MOYENS

POUR FAIRE DE BONS ENGRENAGES.

Pour parvenir à former un bon engrenage sur un bon pignon de six, c'est d'observer, en fermant doucement le compas, que la pointe de la dent de

12

la roue arrive juste au centre du vide du pignon dans lequel elle doit être engrenée ; alors vous faites tourner avec le doigt sur l'outil les roues, pour vous assurer de leur engrenage, qui, s'il passe bien sans coter ni grignoter, se trouve juste et par conséquent bon ; mais si la denture passe rudement dans son pignon, et si en tournant elle la fait grignoter, c'est une preuve qu'il est trop fort et qu'il occasionnera un arrêt. Si au contraire la pointe d'une des dents de cette roue, lorsqu'elle arrive à l'engrenage, n'arrive pas assez au centre de l'entre-deux des ailes de son pignon, cet en-grenage est trop faible, parce qu'il devient sus-ceptible de coter, ce qui peut former un arrêt qui dans les deux cas ci-dessus, anéantira la puis-sance du moteur. On voit donc qu'il est indispen-sable de le former juste ; et ce n'est que dans ce dernier cas qu'on doit le tracer comme suit.

Vous placerez une des pointes extérieures de votre compas, c'est-à-dire, celle du côté des pi-gnons, dans le trou de la roue de champ, du côté de la barrette de la grande platine ; et avec l'autre pointe du même côté, vous tirerez un petit trait bien marqué dans l'endroit où vous prévoirez à peu près que doit être le trou de la roue moyenne.

Cette opération faite, vous rouvrirez votre com-pas, et en ferez ensuite sortir votre roue de champ,

en ôtant entièrement la pointe de l'outil du côté du
pignon, pour y en substituer une de rechange, dite
à boulon, qui est pointue, et pour tracer par ce
moyen et comme il va être expliqué, l'engrenage
de la roue du centre avec la petite roue moyenne.

L'engrenage de ces deux roues se fait comme
le précédent et par les mêmes procédés ; mais alors
la pointe dite à boulon, se trouvant déborder de
beaucoup l'autre pointe fixée dans la poupée qui
la joint, et cela par la longueur de la longue tige
de la roue du centre ; votre engrenage étant bien
fixé, et prenant des précautions pour ne pas le déranger, vous desserrerez cette pointe à boulon, afin
d'en faire sortir la roue du centre ; ensuite vous
la renfoncerez jusqu'à ce qu'elle soit un peu plus
courte à son extérieur que l'autre pointe du même
côté, et vous serrerez sa vis de pression, pour
la rendre immobile.

C'est alors que vous introduirez le boulon par la
pointe dans le trou du centre de la grande platine ;
et avec l'autre pointe, vous tracerez sur le précédent trait fait à la barrette, un second trait qui le
croise : c'est dans le juste milieu de cette petite
croix, qu'avec une pointe bien pointue, vous marquerez un point que vous percerez et accroîtrez
ensuite, comme vous avez opéré à celui de la roue
de champ, pour que le pivot de la petite roue

moyenne y entre juste et libre ; et par ces moyens,
le rouage sera pourvu de bons engrenages.

Votre rouage, en majeure partie mis en cage,
vous observerez que chaque roue seulement ait un
peu de jeu, pour qu'elle puisse se maintenir libre ;
ce à quoi vous parviendrez, par le moyen que les
hauteurs auront été bien prises ; car si, dans un
autre cas, les axes se trouvaient trop courts, ils
seraient de nulle valeur, et par cette raison bons
à remplacer, vu qu'il serait ridicule de faire des
tétines à un mouvement neuf, ce qui ne ferait que
prouver à quel point l'ouvrier est négligent et
paresseux. Si dans le cas contraire les axes se
trouvaient trop longs, c'est-à-dire, les portées
beaucoup trop hautes, le seul et le meilleur moyen
serait de les baisser du côté des longues tiges, avec
beaucoup de précaution sur le tour, à la pointe du
burin, sans altérer le pivot, quoiqu'en y arrivant
bien près ; ensuite le rouler et le brunir, sans pour
ainsi dire ne le diminuer qu'imperceptiblement, ensuite les mettre de longueur convenable et en arrondir et brunir les bouts, et reboucher leurs trous
à la demande de leurs pivots ; mais, cependant
s'il n'y avait que fort peu de chose à diminuer,
on pourrait fraiser à plat la face des trous du côté
que d'avance on aurait reconnu être le plus avantageux, afin de moins diminuer les forces de ces

trous et d'éviter les frottemens. Je crois que ce sont les seuls et meilleurs moyens pour faire de bons ouvrages.

La majeure partie de ce rouage ainsi ajusté ne demande plus, pour être terminée, qu'une potence, une contre-potence, une roue de rencontre et son pignon, avec un plot de guide-chaîne, son guide-chaîne et son ressort; il ne manquera plus au complément des pièces de la cage, que sa charnière qui ne s'y ajuste que lorsque le mouvement est prêt à être emboîté.

<hr>

DE LA POTENCE ET DE SES ACCESSOIRES.

<hr>

Cette pièce de l'intérieur du mouvement est une plaque très-épaisse, portant deux petits pieds à son dessous, qui s'introduisent à deux trous faits en conséquence à la petite platine, pour les y loger sans jeu; elle y est en outre contenue, fixée, serrée par une vis noyée en dessus de la petite platine, côté par lequel cette vis s'introduit pour communiquer à la potence. Cette dernière pièce a le corps en carré-long, au dos duquel est un cintre intérieur, qui à la potence forme une espèce de col, lequel facilite le libre mouvement du barillet

et le passage de la chaînette, lorsqu'elle y est roulée, à l'extrémité de ce col est la tête de la potence, sur le côté de laquelle est ménagée une petite plaque que l'on nomme *bec*, et qui a un trou
à son centre, pour y loger le pivot inférieur de
la verge du balancier.

Cette potence ainsi fixée sur le dedans de sa
petite platine, doit avoir son dessus recouvert
d'une plaque d'acier mince, qui a la même forme
que la pièce dont elle doit couvrir la surface; elle
y est tenue fixée par son centre, par le moyen
d'une vis, soit noyée, soit plaquante, qui la maintient dans cet état.

A une des faces de la potence, qui est celle
du côté du bec, on y pratique dans toute sa
longueur et à la moitié de sa largeur, une coulisse en carré long et étroit, pour y contenir en
plein la pièce nommée lardon, qui s'y ajuste à
frottement, laquelle porte à son extrémité intérieure un petit pont dont la place doit être fixée
entre le bec de la potence et la petite platine,
pour contenir dans un trou qui y est pratiqué,
le pivot de la roue de rencontre, dans l'intérieur
de laquelle le pont doit être logé.

Ce lardon se tient fixé près de son centre à la
potence, par le moyen d'une vis plaquante, qui le

traverse aisément, pour se visser dans le col de
la potence, au moyen d'un trou taraudé exprès
tout au travers de la largeur de cette dernière
pièce ; ce trou partage le milieu de la coulisse
qui y est pratiquée. Cette vis sera plaquante ,
pour donner au besoin la facilité de pousser et
de retirer à soi le lardon, par le moyen d'une
entaille faite au-dessous de son extrémité intérieure. Dans cette entaille se loge une large tête
de vis, plate sur ses deux faces et sur son champ :
cette vis est nommée *vis de rappel ou clef de potence ;* elle se loge dans un trou diamétralement
taraudé au centre du bout extérieur de la potence ; elle est le complément des accessoires de
cette pièce.

Voici la manière de faire la potence. Avec le
compas vous prendrez la circonférence de votre
barillet, tracée sur votre calibre et un peu plus
grande qu'elle n'y est tracée ; vous placerez légèrement une des pointes du compas dans le trou
de l'axe de barillet, en dedans de la petite platine ; et avec l'autre pointe, vous tracerez aussi
légèrement un quart de cercle, à partir de la distance de trois lignes du trou du centre et à revenir
du côté du rebord de la platine. C'est par le moyen
de ce tiers de cercle que l'on peut bien tracer
sa potence, lui donner une belle forme, et en

même temps trouver la juste place de sa vis qui doit être à son centre, ainsi que celle de ses pieds qui doivent être placés dans l'épaisseur qui se trouve du côté du barillet, pour ne pas gêner le lardon et sa vis, celle de rappel du lardon, ainsi que celle de sa plaque.

Pour achever de la tracer, vous vous munissez d'une petite équerre que vous placez sur le dedans de votre petite platine, du côté où doivent être le devant de la potence et le lardon, laissant à découvert le tiers de cercle précédemment tracé, pour pouvoir, par le moyen de ce même cercle, donner au corps de la potence une belle proportion.

Pour y parvenir, vous placez un côté de l'équerre sur le trou de la fusée qu'il partage par le milieu, de manière que la ligne se dirige exactement entre les deux piliers, dont l'un se trouve près du barillet, et l'autre près du verrou, mais un peu plus rapproché de ce dernier; en sorte que le trou du centre de la platine, ainsi que le tiers de cercle précédemment tracé, se trouvent à découvert; ce qui donne la facilité de tracer le trait représentant la face de la potence, qui doit être tirée près du trou du centre à venir à deux lignes et demie du bord de la platine, entre les deux piliers déjà désignés. Ce trait de face de potence étant ainsi tiré, vous en ferez un second parallèle, plus court et plus rapproché du barillet d'environ deux lignes et demie. Ce trait se tire à partir du bord du trait de tiers de cercle, et à venir à deux lignes et demie du bord de la platine, comme le précédent ; ce qui achève le tracé du corps de cette pièce, et donne la facilité de placer à son centre la vis qui doit la tenir à la platine, ainsi que celle qui tiendra la plaque ; et en même temps d'établir convenablement les pieds de la pièce, lesquels on marque avec un ébiseloir, dans le tracé, ainsi que le trou de la vis, pour les percer ensuite, en observant qu'ils ne puissent pas gêner à l'écrou de la vis de rappel, ni au lardon de potence et à sa vis.

Le corps de potence ainsi tracé, il faut y planter le centre de son bec, dans la direction que doit avoir le pignon de roue de rencontre, pour le marquer et le percer ensuite.

Pour cet effet vous placez votre équerre du côté où est le trou de fusée, le bord de l'un des bouts de l'équerre partageant le trou du barillet, et l'autre bout laissant d'une ligne à découvert le trou de la roue de champ. L'équerre ainsi bien fixée, vous tirez un trait droit depuis le trait de face de cette potence, ras l'équerre, à continuer ainsi jusqu'au-près du rebord de la platine.

Ce trait représente la tige du pignon de roue de rencontre; et indiqué par l'une de ses extrémités, le centre de l'emplacement de la tête du contre-potence; et l'autre, par sa réunion au trait de face de la potence, désigne en cet endroit le point de centre du bec de potence qu'il faut marquer imperceptiblement en dehors du trait de face, pour que les pointes des dents de la roue ne puissent pas frotter au-devant de la potence, lorsqu'il sera nécessaire d'y faire l'échappement.

Ce point ainsi marqué sera percé droit tout au travers de la petite platine, et fait de la grandeur du trou du centre de la grande platine.

Ce trou est un des plus importans de la montre, vu qu'il est le centre de l'échappement, et que c'est du centre de ce trou que l'on se guidera pour ajuster le bec de la potence et celui du lardon, la contre-potence et la roue de rencontre, par le moyen du trait qui représente la tige de pignon. Le trou dont nous parlons est aussi le point de centre d'où doit partir le tracé de la coulisserie, du coq de la rosette et de la croisée qui y est ensuite pratiquée pour loger la roue de rencontre; cette croisée ne doit être ouverte que lorsque tout le dessus de la petite platine y

est fait et ajusté, la roue de rencontre ne devant
s'ajuster qu'après tout ceci.

Le trou de la vis qui doit tenir la potence à
la platine, étant percé à cette dernière d'un trou
de vis un peu forte, vu qu'elle est exposée à supporter des efforts ; ce trou du côté du dessus
de la platine doit avoir une creusure plate ou
conique, pour y noyer la tête de la vis qui ne
doit pas déborder. Vous percerez ensuite et bien
plus petits les deux trous des pieds de la potence,
dans les points précédemment marqués, et vous
réserverez votre foret pour percer les trous des
pieds de la potence; alors vous choisirez un morceau de bon cuivre, d'épaisseur convenable ; vous
le forgerez plat et d'égale épaisseur, jusqu'à ce
qu'il soit de la hauteur de l'intérieur de la cage,
et suffisamment long et large pour remplir l'objet
auquel il est destiné ; vous le centrerez et le percerez ensuite d'un trou plus petit que la vis qui
doit y entrer, afin de pouvoir la bien dresser,
pour le tarauder ensuite dans toute son épaisseur,
avec le tarau que d'avance vous lui avez destiné.
Vous dresserez plates les deux faces de ce morceau
de cuivre, et vous le fixerez à la platine de la
manière la plus avantageuse; par le moyen de la
vis que vous lui ajusterez ; et avec le foret réservé vous percerez à cette pièce l'un des trous

des pieds de la potence, que vous ajusterez ensuite, avant de percer l'autre, pour que ni l'un ni l'autre ne puissent brider; et vous ferez attention, en les ajustant, qu'ils ne balottent pas dans leurs trous ; ce qui, faute de ce soin, dérangerait l'échappement.

Cette pièce ainsi tenue à sa platine, vous vous servirez d'un compas qui ait une rallonge convenable à l'une de ses pointes, vu la hauteur prodigieuse de cette pièce, et pour qu'elle puisse être de niveau, afin de bien tracer le trait cintré du dos de la potence. Vous planterez ensuite avec l'outil à planter le point de centre du bec de potence, qui vous guidera pour tracer le trait de face de la pièce, afin de lui donner la forme la plus avantageuse et la mieux proportionnée.

Vous enlèverez à la lime, bien droit et bien plat, tout le superflu de cette pièce, à l'exception du bec de potence qui sera grassement ménagé, et que vous ne formerez que lorsque cette pièce sera bien dressée plate sur toutes ses faces. La hauteur de cette pièce mise en cage, non compris sa plaque, doit être distante de la grande platine de l'épaisseur d'environ un quart de ligne, parce que l'épaisseur de sa plaque tient celle d'une carte, et que le surplus empêche la roue du centre d'y toucher; ce qui ferait un frottement capable d'occasionner un arrêt qu'il est bon d'éviter.

Cette pièce ainsi mise de hauteur, vous limerez le bout de la potence du côté du trou du centre de la petite platine, s'il s'en rapproche de manière à gêner le pignon du centre ; ce qu'il faut éviter et reconnaître en essayant dans la cage la roue du centre. Ces corrections et rectifications faites, vous serez à même de donner par la suite au bec de potence, après l'avoir préalablement replanté de nouveau, la forme la plus convenable, lorsqu'il en sera temps. Pour cela, vous limerez provisoirement et en biseau, penchés du côté du trou du centre, les trois quarts de la partie où devra être logée la verge du balancier, sans déborder le bec de la face de la potence où sera placé le lardon. Le quart d'épaisseur restant, servira à former définitivement celle du bec de cette pièce, lorsque l'entaille du lardon y sera faite et le lardon ajusté.

Avant de faire l'entaille du lardon, il faut centrer le bout extérieur de la potence, pour y percer et tarauder profondément le trou de sa vis de rappel du lardon ; cette vis ne doit pas déborder le cube de la potence, afin qu'elle ne frotte pas sur la platine, et qu'elle n'empêche pas la plaque de tourner. Cette vis doit être forte de son tarau et de sa tête, et doit être bien plate en dessus et en dessous, ainsi que sur son champ ; son trou doit être percé profondément et taraudé aussi bien droit. Il est temps présentement de faire l'entaille ou coulisse du lardon. En voici la manière. Vous en tracerez le plan sur votre pièce, avec le bout des becs du calibre à pignon, dans toute la longueur de la face à laquelle il doit être placé, en observant que la coulisse dont il a été parlé soit plus près du bord plaquant à la petite platine, que de celui où sera la plaque. Sa largeur est d'environ deux cinquièmes de la largeur de cette face de potence, qui est celle où saillissent le bec de potence et celui de lardon.

Cette entaille doit se commencer avec une lime à fendre, en suivant le centre du tracé, et doit s'enfoncer également dans toute la longueur du tracé et jusqu'à la profondeur d'un quart de l'épaisseur de la pièce, ce qui n'est que provisoire; ensuite, avec une lime feuille de sauge épaisse, vous élargirez l'entaille, sans la rendre plus profonde; puis vous la terminerez avec les limes d'entrées et les limes à barrettes, pour que, lorsqu'elle sera finie, elle se trouve d'égale largeur et d'égale profondeur et à queue de ronde dans toute sa longueur, et bien plate dans le fond ainsi que sur ses côtés. Dans cet état la potence est prête à recevoir son lardon.

DU LARDON DE POTENCE.

Cette pièce se fait avec de bon cuivre, forgé dur, limé bien plat par-dessous et sur ses côtés, et bien dressé plat, afin de remplir exactement sa coulisse dans toute sa longueur, et plaquant bien au fond, en ayant soin de laisser à ce lardon et à son extrémité intérieure, qui doit se trouver directement sous le bec de potence, une forte élévation pour en former le bec de lardon, espèce de petit pont qui sera le support de la roue de rencontre dans laquelle il se loge pour y contenir son pivot de ce côté. Le corps du lardon, dans toute la longueur de la face de la potence seulement, sera dressé plat et au niveau de cette face, sans la déborder ni être plus enfoncé; et le bout extérieur qui débordera cette pièce jusqu'au rebord de la platine, aura une petite élévation en dessus, pour servir de renfort à l'entaille qui y sera pratiquée par-dessous, afin de pouvoir y loger la tête de la vis de rappel. La vis qui doit tenir le lardon à sa potence, se placera sur le milieu du corps de ce lardon, entre le bec et la vis de la plaque de potence, mais plus près de cette vis que du bec qui sera terminé dans la forme la plus convenable et la plus solide : alors on pourra y ajuster la plaque.

<hr>

DE LA PLAQUE DE POTENCE.

Cette pièce se fait avec un morceau d'acier plat et mince, que l'on achète tout préparé ; vous en coupez une bande de grandeur suffisante ; vous la percez dans son centre et la dressez plate au marteau ; vous y introduisez une vis convenable à son écrou, que vous serrez avec la plaque sur la potence, pour y tracer la forme de cette dernière prise en dessus, par le moyen d'une fine pointe d'acier pointue et trempée ; après quoi vous l'ôtez de place pour retrancher le superflu de ses bords, sans en dépasser les traits, et vous la replacez ensuite, afin de reconnaître si elle y est bien juste ; sinon vous achèverez de l'y ajuster parfaitement ; ensuite vous la dresserez plate à la lime, sur ses deux faces, et la tremperez ; vous la ferez revenir paille et sa vis bleue ; puis vous adoucirez votre plaque qui servira à completter la potence. Cela nous conduit à la fabrication de la contre-potence.

FABRICATION DE LA CONTRE-POTENCE.

Cette pièce ainsi nommée, comme étant l'opposé de la précédente, sert de support au pivot de la longue tige du pignon de roue de rencontre. Elle se place sur le rebord de la petite platine, l'intérieur de sa tête faisant bien carrément face au bec de lardon. Cette tête se loge dans une entaille carrée, pratiquée au rebord de la petite platine, à la profondeur de deux lignes sur trois de large. Elle doit être limée bien carrément, faisant face au lardon ; et le trait fait à la platine, pour représenter la tige de roue de rencontre, doit être maintenu à son centre ; le corps de la contre-potence se prolonge sur le dessus de la petite platine, près le rebord qui se prolonge du côté de la fusée.

Pour fabriquer la contre-potence, vous vous munissez d'un morceau de cuivre en planche fort épais provisoirement, long d'environ dix lignes, large et épais de quatre, et tout forgé. Vous en placez carrément un bout long de quatre lignes au plus, entre les mâchoires de la tenaille à vis ou étau à main, que vous tenez bien serré ; et vous limez plat et d'égale épaisseur le bout qui la déborde, et du même côté, jusqu'à ce que ce bout n'ait plus qu'une bonne ligne d'épaisseur provisoire.

13

Vous ôterez ensuite cette pièce de la tenaille, et vous reconnaîtrez le côté de la tête qui doit faire face au lardon. Le corps de la contre-potence étant placé du côté de la fusée, vous entaillerez carrément le devant de cette tête, en laissant du côté du corps un rebord de la même épaisseur qui lui a été réservé, c'est-à-dire, qu'il y ait devant la tête un rebord au même niveau du corps ; vous limerez ensuite le derrière de la tête, qui est l'extérieur où sera placée la plaque, jusqu'à ce qu'elle n'ait qu'une ligne d'épaisseur, sans arriver tout-à-fait au côté du corps de la contre-potence, pour ne pas l'entailler, ce qui gâterait la pièce.

L'ébauche de cette pièce amenée à ce point et bien dressée plate en son dessous, est prête pour qu'on ajuste sa tête dans l'entaille pratiquée à la platine ; mais auparavant vous percerez un trou à une ligne et demie du rebord de la platine, lequel trou sera aussi distant d'une ligne et demie de son entaille du côté du corps de la contre-potence ; c'est ce trou qui servira d'écrou à la vis de cette pièce.

Alors vous ajusterez la tête bien juste et bien plaquant au fond de l'entaille de la platine, et le corps ainsi que le rebord qui est devant la tête, bien plaquans sur la platine. Vous saisirez ainsi le tout ensemble avec une tenaille, sans qu'il puisse se déranger, et percerez à la contre-potence le trou de sa vis au travers de celui qui a été précédemment percé à sa platine. Pour cet effet, vous y ajusterez sa vis et la mettrez en place, bien serrée, et plaquante, tant sur la platine qu'au fond de son entaille : alors, à environ trois lignes et demie de distance de la vis (comme ce mouvement est grand), et à une ligne et demie du rebord de la platine, du côté de l'extrémité inférieure de la contre-potence, vous marquerez un point par le moyen duquel vous percerez un petit trou au travers des deux pièces ; et le trou fait à la contre-potence servira à fixer le pied de cette dernière, qui alors pourra se loger dans le trou de la platine.

Cette pièce étant mise en place, vous tracerez sur le dessous de votre contre-potence un trait ras le bord de la platine, pour vous guider à en ôter le superflu de cette pièce, qui ne doit pas déborder, mais arriver juste au rebord de la platine et un peu en biseau par son dessus, pour éviter qu'il frotte à la boîte, lorsqu'on fermera le mouvement.

Après cette opération, vous donnerez au corps la grâce convenable, et à la tête la forme qui lui est propre. Vous percerez à la plaque de cuivre de la tête de cette contre-potence et à une distance bien égale, deux petits trous vis-à-vis et au centre de l'épaisseur du bord de la platine, dont l'un sert à

loger la vis qui doit contenir sa plaque, et l'autre
à loger la vis de rappel nécessaire à la contre-potence. La plaque d'acier qui sera ajustée sera faite
de la même manière que la face de la tête sur laquelle elle doit plaquer ; cette plaque ainsi ajustée, sera ensuite trempée, revenue paille, adoucie
et remise en place ; ce qui complettera l'achèvement de la pièce.

Maintenant il reste à faire au-dedans de la cage et
à y ajuster le plot de guide-chaîne, son guide-chaîne,
son ressort et sa vis ; parce que, comme je l'ai déjà
fait observer, la roue de rencontre ne peut se placer
qu'après que le coq et la coulisse seront ajustés.

DU PLOT DE GUIDE-CHAINE.

Les plots de guide-chaîne se font de deux fa-
çons : le premier et le plus simple, avec du cuivre
dur forgé, comme une tige de pilier, mais un peu
plus gros, c'est-à-dire, qu'il faut qu'il ait environ trois lignes de diamètre tout forgé, pour être
réduit à deux lignes. Vous en tournez un bout,
sur lequel vous formez au tour un tigeron d'une
ligne environ de grosseur, et un peu plus long
que l'épaisseur de la platine, ayant sa face plate.
Le corps du plot sera cylindrique de deux lignes

de hauteur et de deux de diamètre. Cette tête se place dans un trou fait à la petite platine, à une ligne et demie de son rebord, entre la fusée et la place réservée pour la charnière ; et près cette charnière on le tient bien rivé à la petite platine, et on le fend ensuite diamétralement avec une lime à fendre ; et l'on continue l'entaille avec une petite lime à égaliser, jusqu'à un quart de ligne du fond ; il faut que cette entaille soit d'égale largeur depuis l'entrée jusqu'au fond, afin qu'on puisse y placer la tête du guide-chaîne.

La seconde manière de faire le plot maintenu à vis., est la plus élégante ; on le fabrique comme une petite contre-potence du dedans d'une platine, à la différence près que la tête a une forme autre que celle de la contre-potence. Le plot est tenu au milieu de son corps, près le bord de la platine, par une vis qui se place à cette pièce, comme celle de la contre-potence. Je crois inutile de m'étendre davantage sur la pièce qui nous occupe, vu son rapport avec la contre-potence et la facilité avec laquelle cette pièce peut s'exécuter.

L'un ou l'autre plot ajusté et fixé, vous fabriquerez son guide-chaîne que vous ajusterez ainsi qu'il suit.

DU GUIDE-CHAINE.

On fait cette pièce en bon acier, pour que son corps qui doit être menu ait plus de consistance, à cause des efforts auxquels il est exposé. On fait recuire l'acier, et on en coupe un bout long de cinq à six lignes, et épais d'environ une ligne. On place droit ce morceau d'acier dans la pince à coulisse, qui ne doit déborder que de deux bonnes lignes. On lime plates et également des deux côtés ses faces les plus larges, jusqu'à ce qu'il commence à entrer dans l'entaille du plot; alors on le sort un peu en dehors de la pince, qu'on resserre ensuite, afin d'avoir l'aisance de limer jusqu'à environ une demi-ligne de profondeur toute la surface de sa tête en dessous, afin que le guide-chaîne puisse plaquer sur la platine, lorsque la tête dont il s'agit plaque au fond de l'entaille du plot.

La petite entamure faite sous le corps, est pratiquée pour loger le bout du ressort qui doit soulever au besoin ce corps, et qui est une languette longue de trois à quatre lignes, épaisse d'une demi-ligne et large des trois quarts de ligne. Elle est demi-ronde par-dessus et plate par-dessous, renforcée au-dessus du collet par un rebord en bi-

seau, qui lui sert de renfort; ce qui lui est nécessaire à cause de la petite entaille du dessous de
la tête, pour le passage du ressort, qui sans ce
renfort serait trop faible dans cette partie. Vous
ajusterez la tête du guide-chaîne à son entaille
du plot, de façon qu'elle y entre juste et libre,
et que le rebord y plaque bien. Vous percerez
le guide-chaîne avec son plot, par le milieu de
ce dernier, bien au milieu du travers de son entaille,
en observant, en le perçant, de tenir bien plaquante la tête du guide-chaîne à son rebord et
contre son plot.

Ce trou ainsi percé avec un petit foret, gros
comme une fine aiguille, sera uni intérieurement
avec un équarrissoir, pour ensuite y placer une
goupille ronde, cylindrique et bien brunie;
en observant encore de tenir le trou du guide-
chaîne un peu plus grand que celui du plot,
pour qu'il ait l'aisance de lever et baisser au
besoin.

Vous limerez alors le dessus de sa tête et le
bout extérieur au niveau du plot, et votre guide-
chaîne sera fini d'ébaucher; il ne manquera plus
que son ressort.

DU RESSORT DU GUIDE-CHAINE.

Ce ressort d'acier qui met en fonction le guide-chaîne, n'a pas besoin d'être très-fort, mais suffisamment pour ne jamais manquer sa fonction. Sa longueur est depuis le plot jusqu'auprès du trou du pilier, qui est le plus proche de la fusée ; il ne doit pas gêner ces deux pièces. Le trou de sa vis se perce et se taraude à la petite platine, tout près du trou d'un des piliers, à une ligne et demie de son rebord. L'autre bout de ce ressort va rejoindre le plot, et en prend le contour intérieur, pour soulever le guide-chaîne au besoin. La moitié de sa longueur est diminuée de moitié d'épaisseur par-dessous le côté du plot, afin de le rendre plus flexible, et de ne pas faire trevaucher la chaînette sur sa fusée.

Pour faire cette pièce, vous vous servez d'un morceau d'acier plat, de longueur et de largeur convenables, épais de trois quarts de ligne ou d'une ligne. Si le plot est rond, vous percez à un bout de l'acier un trou de la grosseur du plot, qui y sera juste et libre ; alors, par le moyen du trou de la vis qui y est percé à la platine, pour servir d'écrou à la vis du ressort, vous marquez

sur ce dernier le trou qui doit contenir sa vis ;
pour qu'elle y entre et qu'elle y tienne le ressort
fixé, dont le contour extérieur sera alors tracé
par le moyen du rebord de la platine, que dans
ce cas il faudra bien se garder de gâter. Ce rebord
ainsi tracé, vous démontez votre ressort de dessus
sa platine, pour lui enlever son superflu, et vous
le limez bien plat, dans toute la longueur de son
rebord que vous tirez de long aussi bien plat,
avec une lime bien douce.

Ce rebord extérieur ainsi préparé, vous met
à même de limer convenablement le bord intérieur dans la proportion la plus avantageuse ;
ce qui se reconnaît à l'œil, ainsi que le contour
du plot : alors vous diminuerez d'épaisseur la
moitié de la longueur du ressort, par-dessous,
du côté du plot, pour qu'il soit flexible, comme
il est expliqué plus haut ; et ensuite vous le dresserez plat, puis vous le tremperez et le ferez revenir bleu ; vous l'adoucirez et le remettrez en place.

DU TRACÉ DU COQ,

DE LA COULISSE AINSI QUE DE LA ROSETTE.

Le coq d'un mouvement de montre doit être
proportionné à sa grandeur ; autrement il aurait

mauvaise grâce ; l'ouvrier doit donc observer en le traçant de lui donner une grandeur moyenne, pour deux raisons : la première, parce que s'il était trop grand, il exigerait un balancier mince, ce qui occasionnerait des variations en portant la montre sur soi ; la deuxième, parce que s'il était trop petit, il exigerait un balancier beaucoup trop épais, qui surchargerait les pivots ; et le coq, pour peu qu'il fût un peu bas, toucherait au balancier, ou le balancier toucherait à la coulisse, en raison du peu de jour qu'on pourrait lui donner ; ce qui occasionnerait un arrêt de l'un ou de l'autre côté. Un coq trop haut exigerait un fond de boîte trop bombé, qui serait peu agréable pour les amateurs : par conséquent je crois qu'on pourrait lui donner un diamètre des deux cinquièmes et un quart de celui de la petite platine, non compris ses oreilles ; c'est-à-dire que, si par exemple la platine a quinze lignes de diamètre, on en donnait sept au coq ; ce serait la proportion convenable. Vous tracerez donc légèrement la circonférence de votre coq sur votre petite platine. D'après cette proportion, ce trait de circonférence à tracer doit partir du trou de centre de l'échappement, qui pour ce travail a dû être conservé, ainsi que pour celui de la coulisse. Ce trait ainsi tiré, vous en partagerez le diamètre par le juste milieu, moyennant un léger trait droit qui débordera le diamètre à distance de l'extrémité d'envi-

ron une ligne et demie, sur lequel, à une bonne
ligne en dehors du trait de circonférence du coq,
vous marquerez un point apparent qui représen-
tera le trou de vis de chacune des oreilles. Ce trait
de diamètre doit partir d'un point déterminé, vis-
à-vis le trou du pilier qui se trouve entre la potence et le barillet, c'est-à-dire que le bout de
l'oreille de ce côté se trouve un peu porté du côté
de la potence, et que le bout de l'oreille opposé
se trouve entre la contre-potence et le pont de
fusée; afin de faire en sorte que le cadran d'a-
vance et de retard, nommé *rosette*, ne se trouve
point gêné par le pont, et que le carré de l'aiguille
du petit cadran soit bien vis-à-vis le centre d'un
des bouts du coqueret qui lui fait face. (Le coqueret est une petite pièce ou plaque de cuivre recouverte d'une autre plaque semblable en acier, qui
s'ajuste en travers sur le centre du coq; ce qui lui
donne une élévation : dans la première plaque est
le trou du pivot de la verge.) Alors vous fermerez
votre compas de deux lignes moins grand que la
circonférence susdite, pour tracer légèrement une
demi-circonférence, dont la corde qui marque son
diamètre, servira de limite aux deux extrémités de
la coulisse; et la largeur de celle-ci occupera tout
l'espace qui se trouvera entre les deux demi-cir-
conférences tracées, et donnera en même temps la
figure de la coulisse. A partir de ces deux extrémi-

tés, vous en tracerez le centre, environ deux lignes au-dessus de son rebord extérieur, en rouvrant convenablement votre compas, pour marquer dans cet endroit le trou du pivot de la roue de rosette; cette marque se fera par un point profond, duquel on partira pour marquer, à distance égale hors de la circonférence de la rosette et à une ligne de distance du bord extérieur de la coulisse, les points qui serviront à indiquer la place des trous des vis des oreilles de cette dernière, en observant que ce soit de façon à ne pas gêner le pont de fusée, la rosette, le trou de l'arbre de barillet, ni les oreilles du coq.

Ensuite vous tracerez légèrement la circonférence de votre cadran d'avance et de retard, à partir du point qui marque le trou de son pivot, jusqu'aux rebords extérieurs de la coulisse; vous y retracerez ensuite un second et pareil trait d'une ligne plus petit, sur lequel sera marquée la place des deux vis de cette pièce, par le moyen d'un autre trait qui en formera le diamètre, de manière que chaque extrémité de ce trait se trouvera à pareille distance du bord extérieur de la coulisse; ce qui complétera le tracé du dessus de votre petite platine. (Pour la confection de la coulisse et du râteau, voyez ce que j'en ai dit plus haut.)

DE L'AJUSTAGE DE LA COULISSE.

Cette pièce préparée ainsi qu'il a été précédemment expliqué, on doit procéder à son ajustage; pour cela il faut employer les moyens suivans. Avant de la séparer de son superflu, qui forme le centre sur lequel elle est portée, vous limerez le bord extérieur bien égal et bien plat tout autour, à l'exception des coins réservés plus larges qu'il ne le faut provisoirement pour le placement de ses oreilles, et cela jusqu'à ce que la lime ait atteint sans le dépasser le trait de circonférence extérieur, qu'on aura dû précédemment y tracer, après l'avoir dressé plat à la lime douce des deux côtés. Cela fait, vous percerez à la platine les deux petits trous de ses vis le plus droit possible, et vous en enleverez la bavure; vous placerez alors, remontée de son arbre, votre coulisse sur votre petite platine, par le moyen du trou du centre de l'échappement; et vous la placerez de manière que deux de ses oreilles bouchent le plus centriquement possible, les deux trous de ses vis : après cette opération, et sans déranger la coulisse de dessus sa platine, ni boucher le trou fait à cette dernière, vous saisirez avec une pince à boucle ou

un étau à main, une des oreilles de la coulisse,
et la percerez au travers du trou ci-dessus, avec le
même foret dont vous vous serez servi. Vous dresserez ensemble les deux trous, sans trop les accroître; vous tarauderez ensuite celui de la platine, et vous accroîtrez celui de la coulisse jusqu'à
ce que le tarau y entre juste et libre, pour que
la vis y entre de même; et alors vous ferez vos
vis dans la forme que vous jugerez convenable de
leur donner.

Ces deux vis étant faites sur le même trou que
celui qui a été taraudé à la platine, vous fixerez
par l'une d'elles à la platine votre coulisse montée
de son arbre, pour que cet arbre la maintienne
centrée. La vis ainsi posée, vous percez la seconde
oreille, en vous servant des moyens précédens;
vous accroîtrez ce trou bien droit, et vous détacherez votre coulisse de la platine; ensuite vous
tarauderez le trou de cette dernière, vous en ferez
disparaître la bavure, et vous ajusterez à l'oreille la
seconde vis qui doit la contenir, et toujours par le
procédé expliqué; alors vous donnerez aux oreilles
la même proportion et les formes les plus convenables, suivant le goût de l'ouvrier. Ainsi se termine l'ajustage de votre coulisse à laquelle vous
ferez vers le centre du bord extérieur, par-dessous,
une entaille pour le passage de la roue de rosette;

et il sera temps d'y ajuster son râteau. (Voyez plus haut la manière de faire le râteau et la rosette.)

AJUSTAGE DU PETIT CADRAN.

Voici la manière de s'y prendre. Vous percerez le trou du pivot de son axe, qui précédemment y a été marqué, et le plus droit possible, et moitié moins gros que l'arbre qui porte cette pièce; vous l'y ferez entrer à frottement, jusqu'à ce que la rosette qui est dessus tienne plaquée à la platine; alors vous l'ôterez de place, vous percerez à la platine les deux petits trous nécessaires pour ses petites vis; vous la replacerez ensuite et en garnirez le dessus avec une carte, pour ne pas la gâter; vous la tiendrez ainsi à la platine avec une pince à boucle, et y percerez avec le même foret les deux trous des noyures des vis au travers de ceux qui ont déjà été percés à la platine; vous tarauderez les trous de cette dernière, ajusterez au tarau ceux de la rosette, et y ferez les noyures d'égale largeur et d'égale profondeur, auxquelles vous ajusterez les vis que vous fabriquerez au fur et à mesure.

Alors vous prendrez avec votre compas sur votre platine, le trait juste de circonférence, qui sert pour la coulisse et l'intérieur du coq, et vous le

tracerez sur votre rosette; puis vous ôterez de
place ce petit cadran, pour en enlever jusqu'au
trait, sans dépasser la portion qui se trouverait gêner la courbe extérieure de la coulisse qui doit y
plaquer parfaitement juste; ce qu'il faut reconnaître, afin de corriger ce défaut : alors l'ajustage
de ces deux pièces sera terminé.

DE LA ROUE DE ROSETTE ET DE SON AXE.

La première de ces deux pièces est une petite roue
plate et pleine; c'est-à-dire sans croisure; elle est
de l'épaisseur de la creusure du centre de la rosette,
lorsqu'elle est fendue, égalisée, arrondie, adoucie
et prête à être rivée sur son arbre. Sa grandeur doit
être proportionnée de manière qu'elle puisse engrener dans le râteau avec lequel elle est en rapport;
l'un et l'autre étant pourvus d'un nombre convenable de dents, afin que la roue parcourant trois
cinquièmes de sa circonférence, puisse mettre en
action toute la denture du râteau. Par conséquent
cette roue sera fendue sur le nombre de 30, et
le râteau sur celui de 60 : ce qui mettra l'un et
l'autre dans le cas de bien fonctionner, lorsque le
tout sera en place et la roue pourvue de son axe.

L'axe ou arbre d'avance et de retard est une petite tige qui en dessous porte un pivot, et en dessus une tige sur laquelle on forme un carré, pour porter l'aiguille d'avance et de retard. Ce carré doit déborder l'aiguille, afin de faciliter l'introduction du carré de la clef, lorsqu'il en est besoin.

Pour fabriquer l'axe du carré, vous vous servirez d'une tige ronde d'acier, longue environ de 10 lignes, et au moins du double plus grosse que ne doit rester la tige du carré de cet arbre. Vous la centrerez pointue à chacune de ses deux extrémités, et vous formerez à chacune une tige que vous diminuerez à la lime, tout autour, d'environ moitié de sa grosseur, laissant au centre de cette pièce la longueur d'une bonne ligne de sa primitive grosseur. L'axe ainsi préparée, vous la tremperez et la ferez revenir bleue; vous y appliquerez un cuivrot, et vous monterez la pièce sur le tour, pour en centrer le corps par les pointes; ensuite vous la tournerez ronde dans toutes ses parties, en ayant soin de tenir bien plates les portées qui doivent y exister telles. La tige sur laquelle doit se placer la roue y sera ajustée à frottement, bien plaquante contre sa portée; le bord extérieur de son trou sera imperceptiblement évasé à son rebord, pour y loger la rivure de son axe. Alors vous diminuerez la

14

tige au moins de moitié de sa grosseur, et la main-
tiendrez cylindrique, en laissant une petite élévation près la roue, laquelle élévation sera creusée
dans la portée à la pointe du burin, pour qu'on
puisse en former une rivure; alors vous riverez
la roue bien droite et de façon qu'elle ne puisse
être mobile sur son axe; puis vous tournerez plate
la rivure, l'adoucirez et la polirez ainsi que son
tigeron. Cela exécuté, vous changerez le cuivrot
de côté, afin de pouvoir tourner l'autre tige de
cette pièce bien cylindrique; et en même temps
vous diminuerez de son côté la face de la portée,
jusqu'à ce qu'elle soit réduite et bien plate, à
l'épaisseur d'une mince carte; en observant cependant qu'elle n'ait pas trop de jeu entre la rosette
et la platine : la grosseur de cette dernière tige
sera celle que doit avoir le pivot du carré de la
fusée. Après avoir amené cette tige à ce point,
vous l'adoucirez et la polirez en même temps que
la face de sa portée; alors, de cette tige vous
formerez un carré dans toute sa longueur, partant d'une demi-ligne au-dessus de sa portée. Ce
carré fait, adouci et poli, vous couperez au burin
le superflu de la longueur qu'il doit avoir; cette
longueur ne devant pas excéder le bord du coqueret, et en observant de tenir le dessus du carré
bien plat, et de ne pas détacher de suite le jet, afin
que par ce moyen, vous ayez l'aisance de couper

de longueur et au burin le petit pivot qui ne doit
pas déborder la platine en dedans, mais l'effleurer;
ensuite vous arrondirez et brunirez le bout de ce
pivot; cela fait, vous couperez le jet du carré, vous
en adoucirez plate la surface, que vous polirez ensuite; et il sera terminé.

DE L'AIGUILLE DE ROSETTE,

DITE D'AVANCE ET DE RETARD.

Cette aiguille se fait ordinairement en acier, quelquefois en or ou en cuivre; elle sert à régler la montre, par le moyen du petit cadran ci-dessus décrit.

Pour faire cette aiguille, vous vous munissez
d'un morceau d'acier plat et recuit, long de six
lignes, large au moins de deux et de l'épaisseur
d'une ligne environ; vous percerez convenablement le centre de l'un de ses bouts, vous étam-
perez le trou que vous aurez fait, avec l'outil
destiné à cet usage, lequel est parfaitement carré
et un peu en cheville dans toute sa longueur,
trempé dur et revenu paille foncée, pour qu'il
soit moins cassant.

A cause de son usage, on donne à cet outil
le nom d'*estampe*.

Je dois recommander ici qu'il est essentiel d'estamper droit, et qu'il faut que l'un des angles de l'outil soit placé de façon qu'il se trouve vis-à-vis le centre du corps de la pièce où doit être conservée la tige de l'aiguille.

Lorsqu'à coups de marteau vous aurez équarri et accru suffisamment le trou, ce que vous reconnaîtrez en présentant le carré pour lequel on le destine; vous ferez une marque à cette pièce, pour reconnaître le côté par où l'estampe y est entrée, et qui doit être le dessous de l'aiguille. Le trou carré de l'aiguille doit entrer presque jusqu'à la racine du carré de l'axe qui doit la porter, et dans cet état, elle doit y tenir serrée; alors vous limerez rond tout autour du carré de l'aiguille; vous limerez également les flancs de cette dernière, bien droits et dans toute leur direction, pour que la tige de cette pièce se trouve bien au centre et vis-à-vis l'angle de son carré, et qu'elle ait provisoirement une demi-ligne de largeur. Arrivé à ce point, vous diminuerez la tige de l'aiguille des trois quarts de son épaisseur, en la limant par en dessus dans toute sa longueur, jusqu'à ce que sa surface et ses côtés soient d'égale largeur; puis vous en arrondirez le dessus, en effaçant suffisamment ses angles également.

Dans cet état, vous la tremperez et la ferez re-

venir bleue ; vous la poserez ensuite sur un arbre-
lice, pour tourner rond et en biseau le bord de
son carré, à partir du col de cette aiguille, et
vous adoucirez le tout ; puis vous ôterez l'aiguille
de dessus son arbre ; et après avoir adouci le
dessus de son carré, vous la nétoyerez et la ferez
redevenir bleue : alors l'aiguille étant entièrement
achevée et la rosette complettée, vous pourrez
démonter tout le dessus de cette platine.

Maintenant il faut s'occuper de la construction
du coq.

DE LA CONSTRUCTION DU COQ.

Cette pièce forme la cage du balancier qu'elle
sert à garantir des fractures ; elle est destinée à
supporter le pivot du haut de sa verge, et sert
d'ornement au mouvement.

Pour la fabriquer d'après la circonférence intérieure qui en a été tracée sur la petite platine, et
qui a servi pour la circonférence de la coulisse
et du râteau ; vous taillerez un carré de cuivre de
grandeur convenable et de bonne qualité, épais
de quatre lignes, que vous réduirez en le forgeant
à deux lignes et demie d'épaisseur bien égale ; alors
vous le limerez parfaitement carré, ayant un dia-

mètre d'une ligne plus grand que le trait de circonférence; vous le centrerez et le percerez ensuite
tout au travers, le plus droit possible : ce trou ainsi
percé, vous l'accroîtrez droit jusqu'à ce qu'il soit un
peu plus grand que le trou de centre de l'échappement pratiqué à sa platine, pour que le bout de
l'arbre-lice sur lequel il sera monté et bien fixé
droit, puisse y entrer et déborder un peu la pièce,
lorsqu'elle y sera contenue à frottement.

Mais avant de la monter sur l'arbre, vous dresserez plate votre pièce, et reconnaîtrez de quel côté
l'équarrissoir y est entré, pour achever d'en dresser
le trou, afin d'y introduire l'arbre, et pour le marquer sur le côté de l'un de ses angles; et la marque
que vous aurez faite servira également pour l'o-
reille qui se trouvera en dessus de la potence.

Ceci étant bien entendu et bien observé, vous
tracerez sur cette pièce, des deux côtés et bien apparent, le trait de circonférence intérieure, de même
qu'il est tracé sur la petite platine; alors vous y
introduirez et fixerez l'arbre, et percerez à votre
platine, le plus droit possible, chacun des trous
de ses deux vis, dans la même place où précédemment ils ont dû être marqués par un trait diamé-
tral, en partageant le trou centrique de l'échappement; ce trait a dû former aussi les deux bouts de la
coulisse. Ces trous ainsi percés, vous en ôterez la

bavure des rebords , et vous introduirez à frottement le bout de l'arbre sur lequel est montée votre
pièce dans le trou centrique de l'échappement , jusqu'à ce que cette pièce tienne ainsi plaquée sur la
petite platine , en observant que les angles qui serviront d'oreilles au coq , soient bien vis-à-vis les
trous des vis de cette pièce, et que celle portant un
repaire soit bien dans l'endroit qui lui est ci-dessus
fixé.

Dans cet état , vous garnirez le dessous de la
platine d'une carte , et avec la tenaille à vis , vous
saisirez le tout bien serré et sans rien déranger ,
afin de percer à la pièce les trous de ces deux vis,
à travers même ceux qui ont été percés à la platine , mais plus petits qu'ils ne doivent rester ,
lesquels on doit se garder d'accroître avant cette
opération.

Ces trous étant alors droits, vous ôterez la tenaille et vous enleverez votre pièce de sa place ;
vous la monterez sur le tour , afin que , par les
mêmes moyens employés pour creuser le barillet,
vous puissiez creuser de même le coq d'une bonne
ligne et demie de profondeur , laissant une goutte
au centre , qui donnera plus de force à la pièce, et
empêchera qu'elle ne se dérange de dessus son
arbre ; on fera attention que l'huile dont on garnira les pointes ne communique pas à la pièce

qu'elle porte, afin que cette dernière ne sorte pas
de dessus son arbre; la goutte dont je viens de
parler ne sera supprimée que lorsque l'on finira
de tourner la pièce. Vous observerez que le trait
de circonférence qui y est marqué à celle-ci, désigne
le bord de l'intérieur de la gorge, et qu'il ne faut
pas le dépasser, mais y arriver juste, en observant
que la gorge de cette creusure soit droite et plate,
ou imperceptiblement évasée. Le fond sera aussi
bien dressé plat, et vous adoucirez cette creusure
avec la pierre à eau, le plus plat possible, et ensuite
vous tournerez plat le dessous de ses oreilles, pour
qu'elles puissent plaquer d'à-plomb.

Cette pièce ainsi creusée, vous en supprimerez
à la lime les deux angles inutiles et le superflu de
ses rebords, y compris même les portions de la
gorge qui y tiennent, sans aller plus avant; ce qui
donnera un commencement de forme aux deux
oreilles restantes, dont le trait de circonférence
qui est tracé sur son dessus, est une marque à laquelle il faut arriver juste, en limant le superflu ci-
dessus décrit.

Après ce travail, vous tournerez le dessus de
votre coq, en lui donnant l'épaisseur convenable,
c'est-à-dire trois quarts de ligne environ, et bien
plat; vous couperez ensuite la goutte au niveau du
fond, et vous en adoucirez la place; alors vous

ôterez votre pièce de dessus son arbre, et vous limerez un peu en biseau le dessus de vos deux
oreilles de coq, pour qu'elles soient un peu plus
basses que leur dessus qui est marqué par son
trait de circonférence, qu'il faut se garder d'atteindre par cette opération; enfin on observera que
chacun de ces biseaux soit plus penché du côté de
l'angle de l'oreille, que des deux côtés ou faces
de cette dernière.

Tout cela bien fait, vous dresserez plat à la
lime douce, le dessus de votre pièce, dont vous
plaquerez le dedans sur la plaque de l'arbre à
rebours, que pour cet effet vous introduirez dans
le coq; vous l'y tiendrez bien serrée, et vous la
replacerez ainsi sur le tour.

Ensuite vous ferez le biseau de son bord, par
le moyen d'un burin à crochet, suffisamment large
et plat, sur sa face qui sera bien affûtée. Ce biseau emploie la moitié de l'épaisseur du rebord;
il a une bonne ligne de large pour un coq du
mouvement dont j'ai donné la proportion, et se
termine sans perdre de sa largeur. En effleurant
le dessus de la pièce, il faut commencer à foncer le
biseau, à partir de son rebord, et le maintenir bien
plat, tel qu'il est expliqué ci-dessus, et le bien
adoucir ensuite à la pierre à eau; alors vous la
détacherez du tour et de son arbre, et vous y

centrerez les trous de la vis du coqueret et de ses pieds, comme il va être expliqué ci-après, et ce qui s'opère avant de terminer les oreilles ; afin, par cette précaution, d'éviter de gâter les trous des vis.

MOYENS DE CENTRER

ET DE PLACER LE COQUERET SUR LE COQ.

Pour centrer le coqueret, vous ouvrez suffisamment votre compas, vous placez une de ses pointes dans le trou d'une des oreilles, et faites dépasser par l'autre, d'un quart de ligne, le trou du centre de votre coq. C'est avec cette dernière pointe que vous tracez d'un bord à l'autre, un léger trait que vous répétez en partant de l'autre oreille ; ce qui formera une losange au milieu du coq, et une demi-losange à chaque rebord, dont l'X par son centre vous marquera la place du trou de la vis du coqueret. Vous observez l'endroit où le repaire fait précédemment à une des oreilles du coq, du côté où se place la potence, a été fixé, lequel repaire est placé sur le côté de l'oreille qui est le plus près du bord de la platine : cela vous indique le côté où doit être placé votre coqueret, dont le trou de la vis ainsi que ceux des pieds de cette pièce doivent être diamétralement placés sur le coq, entre le trou de son centre et l'axe de la rosette ou carré de l'avance et de retard, afin que ce coqueret ne soit pas gêné par le fond de la boîte qui par la suite y sera faite. Le trou de cette vis de coqueret se perce petit, c'est-à-dire d'un quart de ligne sur deux cinquièmes de la distance qu'il y a du trou du centre du coq à venir au bord de sa surface, mais plus près du centre que du bord. Vous le tarauderez ensuite avec un petit tarau. Ce travail étant achevé, vous tracerez légèrement une ligne droite du côté où sera le coqueret; cette ligne partagera le trou du centre du coq, ainsi que celui de la vis du coqueret. Ce sera sur cette ligne que vous marquerez diamétralement les points de chaque côté du trou de vis du coqueret, à une ligne de distance de ce trou; ces points désigneront la place des trous des pieds du coqueret; vous percerez ces trous dans les points marqués, mais moitié plus petits que celui de la vis; alors vous fabriquerez votre coqueret.

FABRICATION DU COQUERET

ET DE SA PLAQUE.

Cette pièce se fait en cuivre, et la plaque qui la couvre se fait en acier. A l'une des extrémités de la première, qui forme la tête du coqueret, est pratiqué un trou pour loger le pivot de la verge du balancier; la tête du coqueret se place au centre du coq. La plaque d'acier qui la couvre, empêche de déborder le pivot dont elle supporte le bout, ce qui lui donne une grande liberté.

Pour faire cette première pièce, vous vous munissez d'une petite bande de cuivre forgé plat et d'égale épaisseur, long de six lignes, large de trois, épais de deux tiers de ligne. Vous le centrez dans sa longueur, avec les becs du calibre à pignon; et dans ce trait, vous marquez le trou de la vis qui doit y entrer libre seulement; le bout qui doit être réservé un peu long, forme la tête du coqueret: vous le mettez en place, tenu serré avec sa vis, en observant qu'il soit bien droit; vous le saisissez ainsi avec la pince à coulisse, que vous tenez en cet état un peu serrée; alors vous y percez les deux trous de ses pieds du coqueret ; à travers les trous déjà percés au coq ; en ayant la précaution de vous servir du même foret dont on a fait usage pour les autres trous.

Vous l'ôtez de place et vous dressez plat le dessus de votre pièce ; vous ébiselez légèrement les rebords de ces trous, et vous y placez les pieds que vous taraudez pour les rendre plus solides ; puis vous les ajustez aux trous du coq, qu'ils ne doivent pas déborder, mais effleurer ; ensuite vous remettez votre pièce en place, avec sa vis, pour trouver le centre de sa tête ; ce que vous obtenez par le moyen de l'outil à planter. Vous le plantez et le percez d'un petit trou bien droit ; vous y placez un très-petit arbre du côté du dessous, qui est celui des pieds, et vous le montez sur le tour ; vous formerez la tête ronde et large de deux lignes ou deux lignes un quart, au moyen d'un large biseau provisoire, qui trace la rondeur de cette tête, qu'on termine à la lime ainsi que son rebord ; le biseau doit effleurer le trou qui est à son centre, qu'on ne doit qu'approcher en formant le biseau. Vous ménagez au-dessous du coqueret la moitié de son épaisseur, pour que la tête tienne solidement au corps de cette pièce, et vous l'adoucissez ensuite.

Ce coqueret avancé à ce point, vous vous munissez d'une lime d'entrée demi-rude, avec laquelle vous diminuez également les deux flancs de votre coqueret, jusque ras le bord de la tête, sans l'entamer, vous guidant sur le trait qui forme son rebord de circonférence, et observant que le pied de cette pièce soit plus large que son collet, et que les bords de ses flancs soient en biseau, c'est-à-dire plus larges en dessous qu'en dessus, pour donner du corps à la pièce. Ces bords doivent être distans d'une bonne demi-ligne du trou de la vis en dessus, et leurs biseaux limés bien plats et bien droits dans toute leur longueur.

Cela fait, vous limez le surplus de la tête, sans en dépasser le bord, afin qu'elle soit tenue bien ronde; puis vous adoucissez le rebord ainsi que les faces de ses flancs et celles de son extrémité, après l'avoir mise de longueur convenable, de manière qu'elle arrive à une ligne environ de distance du rebord de la surface du coq, non compris son biseau. Alors vous ébaucherez à vis le trou de sa tête, et vous dresserez plat le dessus du corps de votre coqueret, dont vous adoucirez la surface; ce qui complettera sa construction.

DE LA PLAQUE DU COQUERET,

DIT COQUERET D'ACIER.

Cette pièce se fait en acier, dans la forme de la précédente, à l'exception qu'elle a la tête un peu plus petite que l'autre, qu'elle n'a pas de creusure, et que son corps n'a pas de pied, mais seulement un trou portant une noyure pour y loger la tête de la vis. Cette plaque est de l'épaisseur d'une carte; elle est plate et unie sur ses deux faces, que l'on polit ordinairement en dessous, pour que le pivot de la verge acquière plus de liberté. On polit cette plaque en dessus et sur ses rebords, pour donner plus de grâce au coq.

La grandeur de cette plaque est la même que celle du coqueret sur lequel elle plaque; sa tête juste, sans le déborder, se fait et s'arrondit à la lime; on la trempe, on la recuit paille, on l'adoucit ensuite dessus et dessous et sur ses bords, afin de la polir le mieux possible; ce qui termine sa fabrication.

Ces pièces ainsi faites et ajustées, il ne s'agit plus que de déterminer la confection du coq, que nous avions commencée, sans en avoir terminé les oreilles.

Pour cela il faut se munir d'un petit ciseau d'acier, large d'une ligne, percé à son centre, et dans lequel est introduit un tigeron ou pivot qui déborde ce ciseau au moins d'une ligne. Sa tige longue de deux pouces et demi, porte à une de ses extrémités une pointe aiguë, surmontée d'un cuivrot que l'on garnit d'un archet, pour accroître en dessus le trou des oreilles, jusqu'à ce que le fond de ce trou, large comme à l'entrée et plat au fond, n'ait plus qu'une ligne d'épaisseur.

On peut encore se servir d'un petit ciseau plat, nommé *jeu de fraise*, qui est indispensable pour les raccommodages; il se compose d'un étui percé cylindriquement dans toute sa longueur, où l'on introduira une pointe centrique, dont on se sert pour centrer la creusure que l'on veut faire, avec les diverses largeurs des ciseaux de différentes formes qui le composent : les uns servent à faire les creusures plates, les autres à faire les creusures concaves ou convexes.

La manière de se servir de cet outil, est de placer l'étui garni de sa pointe centrique, sur la pièce à laquelle on veut faire une creusure convenable et du côté que l'on veut la faire. Sa pointe centrique s'introduit dans son étui qu'elle traversera, afin d'introduire aussi, par ce moyen, sa pointe aiguë dans le trou à creuser, et fixer ainsi le pied de l'étui plaquant droit sur la pièce. Vous serrerez le tout avec la tenaille à vis, en observant soigneusement de garnir le dessous de cette pièce d'une carte, pour que la mâchoire de la tenaille ne la gâte pas, et qu'en la serrant, la pointe centrique ne se dérange pas.

Cette pièce et l'outil ensemble, bien fixés, pour qu'ils ne puissent se déranger en travaillant, vous ôterez la pointe centrique, et vous introduirez en place le ciseau convenable à la creusure que vous voulez faire ; ce ciseau est pourvu d'un cuivrot que vous garnirez d'un archet ; et en cet état, vous introduirez la pointe qui est de ce côté, dans une pointe à point fixé à l'étau, et la tige de l'outil dans son étui, jusqu'à ce qu'elle joigne la pièce à creuser ; alors vous agiterez l'archet, en faisant pression sur votre pièce, afin de la creuser convenablement.

Les trous de vis des oreilles du coq étant ainsi creusés par ce moyen, jusqu'à ce que le surplus du fond de leurs trous n'ait plus qu'une ligne d'épaisseur, observant que les oreilles soient bien de hauteur convenable ; vous y ajusterez les vis

15

et donnerez aux oreilles de ce coq la forme la plus avantageuse, pour qu'elles aient plus de grâce, ce qui dépend du goût de l'ouvrier. On terminera le plus élégamment possible cette pièce qui doit être adoucie ensuite, pour que le graveur, l'évideur et le doreur fassent ce travail qui n'est point de la partie des établisseurs, et qui cependant doivent le connaître, pour s'en charger au besoin.

DU BALANCIER.

Le coq étant terminé, il faut maintenant s'occuper du balancier ou régulateur. Cette pièce, dans les montres, ne peut se faire autrement que ronde, par la raison que ces machines sont portatives et qu'elles marchent en tous sens. C'est à cette rondeur qu'on peut attribuer la variation qui dans les montres est plus grande que dans les pendules qui ont le balancier long. Pour corriger ce défaut, on a trouvé un moyen qui consiste dans une spirale qu'on y ajoute ; invention très-ingénieuse, qui régularise les vibrations du balancier, lorsque sa pesanteur est proportionnée à la force du moteur ou grand ressort, qui dans le barillet d'une montre ordinaire, doit faire de cinq tours à cinq tours et demi, pour être d'une force convenable. On calcule le poids du balancier par la marche du mouvement sans spirale. S'il va 26 à 27 minutes sans spirale, il est de poids, et la marche de la montre sera régulière, si les proportions des autres pièces et les engrenages sont tels que les principes l'exigent; mais si le balancier est trop lourd, la montre variera beaucoup et sera susceptible de s'arrêter; alors il faudra en diminuer le poids : si au contraire le balancier est trop léger, la montre variera encore davantage et ne pourra se régler : dans ce cas il faudra charger le balancier; mais ce dernier moyen employé défigure l'ouvrage. Je crois qu'il est plus avantageux de faire une **autre** pièce qui ait la pesanteur convenable.

Le poids du balancier de ce mouvement, qui est, comme je l'ai dit, de dix-huit lignes, peut peser, lorsqu'il est tout fini de croiser, environ six grains; mais il vaut mieux, comme j'en ai fait la remarque, qu'il soit susceptible d'être un peu diminué de poids.

Les balanciers se font, soit en or, en cuivre ou en acier; je préférerais ceux en or, comme étant les meilleurs, si ce métal n'était pas si cher; ils seraient d'ailleurs difficiles à travailler. L'acier s'aimante, autre inconvénient; il faut donc s'en tenir au cuivre.

Pour faire un balancier de ce dernier métal, vous préparez, limez et tournez votre pièce comme pour faire une roue de centre prête à fendre, à la différence près que le balancier est tenu deux fois plus épais que la roue, sauf à le réduire, s'il en est besoin. Sa grandeur est celle de l'intérieur du coq, c'est-à-dire près d'une demi-ligne de moins ; le dessus de son rebord doit être plat, bien droit et bien adouci. Après avoir tourné le balancier, comme je l'ai dit ci-dessus, vous le dressez plat à la lime, en ayant soin de le maintenir toujours d'égale épaisseur, jusqu'à ce qu'il soit bien dressé. Pour lors, vous tracez sur une de ses faces son bord ou cercle large de trois quarts de ligne, et vous replacez sur le tour votre pièce, pour tracer à la pointe du burin bien aiguë, et à une ligne de son trou, un petit trait de deux lignes de diamètre ; ce qui par la suite en formera un petit anneau qui supportera le bout des barrettes, tenant à ce côté par une extrémité, et au cercle par l'autre ; il faut alors y tracer ses barrettes qui sont au nombre de trois, pour produire un meilleur effet et donner de l'agrément aux vibrations du balancier.

Pour cet effet, vous diviserez le grand trait avec les pointes du compas, en six parties, et bien juste, et vous le marquerez par des points appa-

rens, pour tracer diamétralement, de deux en
deux points, chacune des trois barrettes qui
partiront du bord du petit trait circonférent, qui
est au centre, à revenir au point marqué sur le
cercle tracé près du bord ; le point qui lui est
opposé n'est fait que pour en trouver le juste
diamètre. Il faut avoir soin de ne pas effacer les
traits des barrettes, afin d'en reconnaître toujours
le centre, pendant la fabrication, jusqu'à ce
qu'elles soient près d'être finies.

Cette croisure se commence comme les autres ;
mais les barrettes qui sont d'un tiers de ligne
de largeur, doivent s'élever droites et de la même
grosseur d'un bout à l'autre, et le champ du petit
anneau doit être arrondi suivant son trait, qui
en est le guide ; ensuite vous arrondirez vos barrettes, adoucirez et brunirez la croisure, et en
même temps vous adoucirez les deux faces de votre
balancier, qui par-là sera fini d'ébaucher.

Maintenant que tout ce qui compose le dessus
de la petite platine est terminé, le trou de centre
de l'échappement, si nécessaire pour la construction de ce dessus, n'a plus d'autre utilité que
celle de favoriser le tracé de la croisée où se
loge la roue de rencontre. Il reste actuellement
à nous occuper de ce travail, ainsi que de la

construction de la roue de rencontre, dont j'ai précédemment enseigné la méthode.

FABRICATION

DE LA CROISÉE DE LA ROUE DE RENCONTRE.

Pour tracer la croisée, vous vous guiderez sur le trait de face de la potence, qui doit partager le trou de centre de l'échappement par la moitié. Vous en tracerez un second parallèle, distant de deux lignes, et de la largeur de la croisée seulement, et par conséquent plus en avant du bec de lardon, c'est-à-dire à une distance un peu plus large que ne doit être haut le champ de la roue dite de rencontre, qui doit occuper cette place. Ce second trait étant fait, vous tracerez les deux traits des côtés de votre croisée, un quart moins larges que le diamètre de votre roue de rencontre, dont le trait fait sur la platine, a été tracé pour représenter le pignon de cette roue, afin d'en reconnaître la place.

Pour connaître quel peut être le diamètre de cette roue, vous vous servez des becs du calibre à pignon, et vous en faites plaquer un sur le dessus de la petite platine, l'autre bec un peu

moindre que le dedans du bec de potence, c'est-
à-dire de l'épaisseur d'une bonne carte de moins ;
cela vous donne le diamètre de la roue de rencontre, laquelle vous facilite le moyen de trouver
la largeur de sa croisée centrée, comme il est
expliqué ci-dessus.

Comme cette roue doit entrer pour ainsi dire
dans toute la croisée, afin de paraître à fleur du
dessus de sa platine, vous tracerez également sur
son dedans les traits, pour marquer les deux
côtés de la croisée, et pour que la roue de rencontre puisse y entrer. Cette croisée ainsi tracée, vous
l'ouvrirez convenablement, vous évaserez ses bords
des côtés en-dedans de la platine, pour faciliter la
roue d'effleurer son dessus. Cette croisée ainsi
faite, vous ferez la roue d'après le diamètre ci-
dessus mentionné ; observant que la hauteur du
champ de cette roue doit être pour ainsi dire
de toute la longueur de sa croisée, qui étant plus
étroite en dessus qu'en dedans de la platine,
doit être effleurée par son champ, qui doit rapprocher son rebord supérieur du demi-trou de
centre, resté à la face de la croisée.

Le pignon de cette roue sur laquelle la force
mótrice a le moins d'actions, rend son engrenage extrêmement délicat, ce qui occasionne des
soins plus appliqués pour sa construction et sa

proportion qui doivent tenir un tant soit peu du petit, et ses ailes un peu maigres et bien arrondies. Il faut aussi que le corps du pignon soit toujours tenu bien rond ; il doit être plus long que celui des autres pignons, pour que sa tige ait plus de corps, et par-là moins susceptible de fouetter, ce qui occasionnerait des défauts d'engrenage qu'il est bon d'éviter; il faut aussi observer qu'il soit bien poli dans son entier.

On peut donner au corps du pignon toute la longueur convenable, et le rendre disponible pour le garantir de défauts, en observant que sa face ne puisse gêner la tige du pignon de la roue de champ, qui doit en être un peu éloignée.

Le pivot de pignon de roue de rencontre, du côté de sa rivure, doit être long de près d'une demi-ligne, porté par un petit tigeron de même longueur, à partir de la rivure qui n'a de hauteur que l'épaisseur du fond de sa roue et de sa petite goutte qui est dedans; la longueur du pignon entre les deux portées, est la distance qu'il y a entre le dessus du bec de lardon, à une bonne ligne hors de l'entaille où plaque le devant de la contre-potence; et le pivot qui doit excéder doit être un peu plus long que celui de lardon, pour éviter que sa portée ne frotte contre le bord de son trou ; ce qui occasionnerait un arrêt qu'il faut connaître pour l'éviter.

Ainsi doit être terminée la construction de ce pignon, qui doit être tout pivoté avant d'être rivé à sa roue, qui doit aussi être croisée, et son fond extérieur adouci et poli avant d'être rivé.

C'est alors que vous riverez la roue sur son axe, qui doit, comme les autres pignons, entrer juste dans le trou de sa rivure, pour ne pas déjeter la roue : vous le riverez de manière à ce que la roue y soit bien tenue, qu'elle ne puisse être mobile sur son axe, et qu'elle y soit rivée bien ronde et bien droite ; ce dont vous vous assurerez en la retouchant sur le tour, en dedans et en dessus du champ, ainsi qu'au rebord, ayant eu d'avance la précaution d'y laisser suffisamment de matière pour ce travail ; ce qui étant opéré, vous lui adoucirez le champ : cela la rend toute prête à être fendue du nombre auquel elle est destinée. Cette roue, comme les autres, se fend à l'outil, excepté qu'elle s'y ajuste d'une autre manière, et que sa denture est aussi bien différente, quoique de forme convenable pour son échappement.

Pour fendre la roue de rencontre, il faut la cirer dans une portion de l'outil à fendre, qui

n'est destiné qu'à cet usage ; laquelle s'ajuste parfaitement à un très-petit outil à planter, qui en
dessus porte une pointe, dont le bout qui doit
presser sur le pivot, est un point conique, en
place d'une pointe bien aiguë. C'est avec le bout
de cette pointe que l'on centre la roue montée
sur son pignon, et cirée sur l'autre portion de cet
outil. Votre pièce de rapport à l'outil à fendre,
ainsi pourvue de sa roue prête à denteler, sera
ainsi placée et fixée à l'endroit qu'elle doit occuper,
qui est le centre de la machine où elle doit être bien
fixée et bien assujétie ; ensuite on s'assurera si elle
y tourne bien ronde et bien droite ; et dans le
cas contraire, on l'y placera convenablement avant
de la fendre ; vous la fendrez ensuite du nombre
convenable, et d'après l'inclinaison qui lui est
propre.

Cette opération faite, vous retirerez de dessus
la machine à fendre cette pièce de rapport portant
la roue, laquelle vous décirerez de dessus ; et
pour achever d'en ôter la cire, vous la ferez
tremper dans de l'esprit-de-vin qui la dissoudra ;
vous la nettoierez ensuite et la monterez sur le
tour, pour ôter les bavures en dedans et en dessus, et vous vous assurerez si les pointes de ses
dents sont toutes de la même longueur, et si elles
ne sont pas trop carrées du bout ; ce à quoi vous

suppléerez avec la lime à roue de rencontre. Dans
le cas contraire, et pour faire un bon échappement, il faut que les dents soient fines du bout ;
de longueur bien égale, fendues profondes, et que
le dos des dents soit bien dégagé pour que le bord
des palettes de la verge ne puisse y arc-bouter, et
qu'ensuite le dessus du champ ainsi que le dessus
des pointes des dents soient adoucis à la pierre à eau.
Les pointes des dents s'arrondissent ensuite avec un
petit brunissoir, en forme d'une lime à arrondir,
en faisant bien attention de ne pas les fausser ; vous
polirez ensuite le champ de la roue, et elle sera
prête à être mise en cage.

Pour mettre cette roue en cage, vous chercherez
sur le lardon, avec le calibre à pignon, le milieu
de la distance qui se trouve entre le dedans du
bec de potence et le dessus de la platine, qui est
celui où se trouve le coq, et vous le marquerez par
un trait sur le lardon ; et sur ce trait vous marquerez par un point la place du trou qui doit se trouver
vis-à-vis le milieu du demi-trou du centre de l'é-
chappement restant à la croisée, qui indique la
juste place où doit être fixé le pivot de la roue de
rencontre. Alors vous percerez le trou de lardon
dans la direction du trait figurant la tige de pignon,
en observant que ce trou doit être percé plus petit que le pivot n'est gros ; afin que par le moyen

d'un équarrissoir convenable, on puisse l'accroître droit et juste, et suffisamment pour que le pivot soit libre de ce côté ; et ensuite, avec un petit outil fait pour ce seul usage, nommé *oiseau domestique*, vous le plaquerez sur la platine et vous fixerez ainsi sa pointe dans le trou du lardon ; vous la serrerez par le moyen de sa vis de pression, ce qui vous donnera la facilité de prendre exactement la hauteur de ce trou, pour la rapporter à la plaque de cuivre de la contre-potence par-dedans ; et cela par le moyen d'un trait que vous marquerez avec la pointe de cet outil, en le faisant glisser plaquant sur la platine, en tenant sa pointe dirigée vers le dedans de la contre-potence.

Cela fait, vous vous servirez d'une pointe aiguë, avec laquelle vous marquerez sur le trait et vis-à-vis celui qui représente la tige tracée sur la platine, un point que vous percerez ensuite et accroîtrez droit comme celui du lardon, afin que le pivot qui doit le garnir y soit libre et à l'aise, et qu'il en reste un tiers dehors, par le moyen d'une ébiselure large faite à l'entrée du trou, pour que la portée ne puisse y toucher ; et par ce moyen la roue se trouvera libre et droite en cage ; alors vous vérifierez l'engrenage de la roue de champ, que vous aurez eu soin de fabriquer de manière à ce qu'en la plaçant en cage, elle fasse un bon engrenage ;

c'est-à-dire ; qu'il tienne un peu plus fort que
trop faible ; et dans le cas où il se trouverait un
peu trop fort, on corrigerait aisément ce défaut,
en raccourcissant la denture qui ne doit être égalisée et arrondie que d'après cette épreuve. Si,
au contraire, l'engrenage se trouvait un peu trop
faible, on parviendrait à l'amener au point convenable, soit en faisant une creusure plate au trou
de la petite platine, pourvu qu'elle eut l'épaisseur suffisante, et en rebouchant le trou d'en bas,
pour y laisser une petite élévation peu apparente,
dite tétine ; soit en faussant les barrettes de la roue
de champ. S'il y avait peu à faire pour ajuster l'engrenage, dans le cas contraire, ce serait de refaire
le pignon un peu plus haut ou plus bas, suivant
la nécessité, au lieu de contraindre la roue, pour
corriger ce défaut ; ce qui la rendrait difforme
et de mauvaise qualité.

Pour reconnaître la qualité de cet engrenage,
il n'est besoin que d'en arrondir provisoirement
cinq à six dents ; c'est par la suite qu'il faudra
achever de l'égaliser et de l'arrondir le mieux possible, ainsi que les dentures des autres roues.

DU ROUAGE DE LA CADRATURE.

Ce rouage est premièrement composé du pignon nommé *chaussée*, lequel, ainsi que son axe, sont percés dans toute leur longueur, pour y loger la tige de la roue du centre ; cet axe ou canon porte un carré à son extrémité, destiné à l'aiguille des minutes.

Ce pignon de chaussée doit tenir à frottement sur la longue tige du pignon du centre, parce qu'il doit, au moyen de cette tige, communiquer son engrenage à la roue de renvoi, qui pour cet effet doit être convenablement placée sur la platine ; celle-ci devant aussi, par le pignon dont elle est pourvue, communiquer le sien à la roue des heures, lorsque cette dernière est reçue par le canon qu'elle porte sur celui de chaussée, afin de pouvoir en cette place contenir à son extrémité et à frottement le canon de l'aiguille des heures, lorsque le cadran y est placé. Le canon de cette dernière roue est aussi entièrement débordé par le carré de chaussée, qui doit le surmonter pour recevoir l'aiguille des minutes, après que la montre est terminée.

Tels sont avec la grande barrette, le rochet de

barillet, sa masse, le ressort de verrou et tout ce qui compose la cadrature d'une montre ordinaire, ainsi que les révolutions du rouage décrit ci-dessus.

Pour ces pièces vous commencerez par en tracer la figure sur votre calibre, à moins qu'elle n'y ait été tracée d'avance. Vous observerez que la roue de renvoi et celle des heures soient d'un diamètre ni trop petit ni trop grand, et qu'elles soient dans le juste rapport de leur engrenage, pour les faire de la grandeur que vous les aurez tracées; et par les mêmes traits vous marquerez leur place à la platine sur laquelle elles doivent être posées.

DE LA ROUE DE RENVOI

ET DE LA ROUE DE CANON.

La roue de renvoi et la roue de canon se font comme les autres roues plates, de l'épaisseur d'un tiers de ligne; elles ne se croisent pas. Celle des heures est un peu plus grande et plus nombrée que celle de renvoi. Après qu'on l'aura fendue et adoucie, on ajustera par le moyen du tour à son centre, un canon en cuivre, qui y sera rivé en dessous; et vous ajusterez son trou de manière que le canon de chaussée y puisse entrer juste et libre;

ensuite vous replacerez la roue sur le tour, dont vous diminuerez le canon jusqu'à l'épaisseur d'une demi-ligne, en laissant plaquer à la roue une large portée haute d'une ligne et demie, à laquelle vous ferez une large creusure; cette portée sert à empêcher que la roue ne frotte contre le cadran, et qu'elle ne sorte de son engrenage. Vous ferez à la roue et ras le pied de son canon, une creusure évasée, large du tiers de la largeur restante, que vous adoucirez et polirez au tour, pour lui donner de la grâce. On fend cette roue pour lui donner trente-deux dents, et on en donne trente à la roue de renvoi; cette dernière portant un pignon de huit ailes, engrenne dans une chaussée de dix; ou bien on donne à la roue de canon quarante dents, à la roue de renvoi trente-six, à son pignon dix, et à celui de chaussée douze. Ce dernier engrenage est plus doux et meilleur, surtout si les roues sont un peu grandes; observez qu'il faut que ces roues soient faites et fendues seulement d'avance, pour que l'on puisse prendre sur elles la grosseur du pignon de chaussée et celle de celui de la roue de renvoi; le tout d'après les proportions précédemment décrites.

DU PIGNON DE CHAUSSÉE.

Pour faire le pignon de chaussée, vous prenez l'acier de nombre et de grosseur convenables, un peu forts ; vous garnissez d'un cuivrot cette tige à l'extrémité de laquelle est une pointe bien centrée ; vous limez plat l'autre bout, vous le centrez d'un point, et vous le placez sur le tour, monté d'une pointe aiguë, pour le toucher au burin de cuivre, afin de déjeter le point avec un ébiseloir ou pointeau, du côté où il touche le plus fort, pour achever de le bien centrer ; ce dont il faut s'assurer.

Alors vous vous munissez d'un bon petit foret à percer l'acier de la grosseur du trou nécessaire, et de sorte qu'il puisse faire ce trou un peu moins grand que n'est grosse la tige du pignon du centre qui doit y entrer à frottement, pour percer la chaussée. Vous mettez votre tour à l'étau, vous ajustez votre tige montée d'un archet, à la pointe de la poupée droite ; et, de la main gauche, vous tenez votre foret qui, ainsi placé, traverse la poupée gauche par l'endroit qu'occupait la pointe du tour. Sa mèche entrera dans le point de la tige à laquelle elle sera fortement appliquée ; l'un et l'autre seront tenus droits. Vous les garnirez d'huile

16

à cette jonction, et vous agiterez l'archet, en né-
toyant de temps en temps la mèche du foret, et
renouvelant l'huile au fur et à mesure qu'elle se
sèche, jusqu'à ce que la longueur de la chaussée
soit percée de deux lignes plus long qu'il ne le
faut ; vous formerez ensuite un petit canon d'une
ligne de longueur, du côté où on a commencé
à percer la chaussée ; puis vous taillerez tout
auprès de ce petit canon la hauteur de votre
pignon, en séparant les ailes inutiles ; et vous
couperez le long canon de chaussée ras le fond
du trou, que vous mesurerez avec votre foret ;
vous le séparerez de sa tige, et la chaussée de ses
ailes superflues ; vous dresserez le trou avec un
équarrissoir dit à chaussée, imperceptiblement en
chevilles, que vous introduirez du côté du petit
canon où doit être aussi placé le pignon qui en
fait partie ; vous l'accroîtrez, afin d'en dresser le
trou que vous rendrez bien uni dans son intérieur,
jusqu'à ce que la chaussée permette l'introduction
des deux tiers de la tige de la roue de centre qui
doit entrer du côté du pignon de chaussée ; vous
choisirez un arbre-lice convenable, que vous introduirez à frottement du même côté, et vous monterez
ainsi sur le tour cet arbre garni de sa chaussée ;
puis, à la pointe du burin, vous tournerez ronds
et cylindriques seulement vos deux canons de chaussée, également dans toute leur longueur, et vous

mettrez plates ces deux faces, en tenant provisoirement le pignon un peu plus haut qu'il ne doit être ;
vous acheverez de mettre rond et de grosseur ce
pignon sur ses ailes qui doivent être d'égale hauteur;
et alors elles seront en état d'être efflanquées.

Ce pignon se flanque et s'arrondit comme les
autres pignons. Le petit canon a été réservé pour
empêcher , pendant cette opération , que la lime
ne s'enfonce pas plus de son côté que du côté de
l'autre canon : le pignon ci-dessus ainsi efflanqué
et arrondi, vous le tremperez et le ferez revenir
bleu passé ; vous l'adoucirez et le polirez, puis
vous couperez au burin , ras la face de ce côté , le
petit canon devenant alors inutile ; et vous acheverez de mettre le pignon de hauteur, c'est-à-dire
un peu plus haut que l'épaisseur de la roue qui y
engrenne, en ayant soin de tenir cette face bien
plate jusqu'au ras de l'arbre; vous l'adoucirez et ensuite tournerez cylindriquement le long canon, sans
qu'il y reste de marque du feu du poli, et de manière qu'il soit imperceptiblement plus gros que le
pivot du carré de fusée; cela fait, vous l'adoucirez,
le polirez et ferez au burin un petit filet ou une
creusure au pied des ailes , dont la face de ce côté
sera également adoucie et polie. Vous ferez le carré
de la chaussée de même grosseur que celui de la
fusée; vous l'adoucirez et le polirez, et la chaussée
sera provisoirement terminée.

DU PIGNON DE ROUE DE RENVOI.

Ce pignon se centre, se tourne et se met de grosseur comme celui de chaussée; il ne se perce pas si long que ce dernier, et a, comme lui, deux petits canons; son pignon porte une rivure de l'épaisseur de la roue, pour ensuite y être rivé, après avoir été efflanqué, arrondi, trempé, revenu bleu, adouci et poli.

Alors vous diminuerez cylindriquement de moitié le canon du côté de la rivure; vous l'adoucirez ensuite, le polirez et le mettrez de longueur, pour qu'il ne déborde pas le fond de la creusure de la roue du centre, et vous ôterez la bavure de son bord seulement.

Ce pignon amené à ce point, vous mettrez ses ailes de hauteur, pour que la roue de canon qui doit y engrener, ne puisse sortir de son engrenage, sans que pour cela la face du pignon puisse être gênée par le cadran; il faudra même, s'il est possible, y laisser un petit canon un peu court de ce côté, mais suffisamment long pour empêcher la face de porter; il faudra aussi que le pignon ait un peu de jeu entre la platine et le cadran, pour que la roue puisse être libre.

On conçoit d'après cela que cette roue ainsi que le canon de la roue des heures ne peuvent être finis d'être ajustés que lorsque le cadran lui-même y aura été placé et ajusté, afin que l'ouvrier ait la facilité de faire les jeux des roues. La face du pignon de la roue de renvoi, au pied duquel il a dû être fait à sa roue une creusure comme à celle de la roue de canon, s'adoucit et se polit ensuite comme celle d'un pignon du centre ; en sorte qu'il ne reste plus pour achever toutes les roues qui composent le mouvement, qu'à égaliser et arrondir leurs dentures, à les adoucir et à les polir : travail dont il faudra s'occuper, en suivant les procédés expliqués aux articles précédens, avant de passer à celui dont je vais traiter.

DE LA CHARNIÈRE.

Cette pièce doit être faite, ajustée et mise en place avant d'y ajuster le cadran, parce que c'est au centre de cette charnière que doit être placé le point de soixante minutes. Il faut donc s'occuper de bien placer la pièce dont nous traitons, et s'attacher à la bien fabriquer.

On place la charnière entre la fusée et le pilier qui de ce côté avoisine le barillet ; il faut bien observer qu'elle ne gêne pas la fusée qui doit être libre dans ses mouvemens. La charnière peut avoir quatre ou cinq lignes de largeur ; elle doit être autant que possible diamétralement placée à l'opposé du verrou.

Vous commencerez par marquer au bord de la grande platine, et dans l'endroit désigné ci-dessus, le centre de la place que doit occuper la charnière, pour ensuite en marquer à distance égale de ce point, les deux côtés, de manière qu'elle ait environ la largeur ci-dessus mentionnée. Ces deux côtés ainsi marqués sur le bord ou champ de la platine, vous ferez du côté du cadran, entre les deux dernières marques, une entaille en biseau, longue de quatre lignes et faite bien carrément, laquelle occupera toute l'épaisseur du grand rebord de la platine; et vous aurez soin que l'intérieur de l'entaille soit limé bien plat, et ses côtés également bien plats, sans dépasser les marques que vous aurez faites : dans cet état elle sera prête à recevoir sa charnière.

Mais auparavant il faut dresser plat le devant du bord de l'entaille dans toute sa longueur, qui sera tout au plus de six lignes ; et vous aurez soin que ce rebord limé ne déborde pas l'entaille plus d'un côté que de l'autre, afin que la charnière puisse bien y plaquer sans gêner l'emboîtage.

Pour faire la charnière, vous couperez un morceau de cuivre en carré, épais de trois lignes et demie, long et large de six. Vous le forgerez de bien égale épaisseur, jusqu'à ce qu'il n'ait plus que deux bonnes lignes et demie; ensuite vous limerez plats et droits trois de ses côtés; savoir, deux pour les réduire à une largeur un peu plus grande que celle de l'entaille de la platine; la troisième face de cette pièce sera celle qui doit entrer dans l'entaille de la platine. Cette troisième face de la charnière sera fendue par le milieu de son épaisseur, avec la scie, dans toute sa longueur, à la profondeur de quatre bonnes lignes bien droites et bien égales, pour que la fente ne soit pas plus enfoncée d'un côté que de l'autre. Cette fente sera élargie convenablement avec une lime à fendre, ensuite avec une lime à égaliser et autres limes convenables; en observant de les faire mordre plus sur le côté qui sera celui du cadran qui doit prendre la forme du biseau de l'entaille de la platine, que sur l'autre côté qui doit être en dedans de cette dernière, parfaitement plate, et d'égale épaisseur, au moins de deux tiers de ligne, afin qu'elle puisse bien plaquer sur l'intérieur de sa platine.

Cette entaille de charnière ainsi préparée, vous ajusterez cette pièce à l'entaille qui doit la conte-

nir le plus juste possible, en observant qu'elle y
arrive jusqu'au fond, tenant serrée à frottement.
C'est alors que vous marquerez à une ligne et demie
au plus des bords de ce côté, et à deux bonnes
lignes du bord de la platine, les trous de ses vis ou
goupilles qui doivent l'y tenir fixées, lesquels trous
vous percerez comme il suit, avec un petit foret ;
savoir : le premier trou, en soutenant fortement la
charnière plaquante contre le bord de la platine ;
et sitôt qu'il sera percé, vous y introduirez fortement une goupille bien cylindrique ; ensuite, appuyant encore sur la charnière, pour la faire plaquer, vous percerez le second trou et le dresserez
ensuite avec un équarrissoir à la grandeur que
vous voulez qu'il soit, pour la goupiller avec rivure, ou pour y ajuster des vis. Dans ce dernier
cas, vous ferez les noyures à la charnière, du
côté du cadran, et tarauderez le côté qui s'ajuste
sur la platine ; vous y ajusterez ensuite ses vis,
qui ne doivent pas déborder, mais bien effleurer
leurs noyures, après avoir préalablement dressé
cette face de charnière au juste niveau de la platine : ce qui étant fait, vous y placerez ses vis,
dont le bout doit effleurer la plaque de charnière
dans l'intérieur de la platine, lorsqu'elle sera finie
et dressée.

Cette plaque de charnière de l'intérieur de la

platine se divise en trois parties ; la partie du milieu doit être emportée à la lime un peu en biseau,
et foncée jusqu'à ce qu'elle arrive au niveau de
l'autre plaque, sans l'entamer ; elle sera, dis-je, en
biseau du côté du bord où seront les charnaux ;
ce qui formera deux branches de cette plaque,
sur chacune desquelles il y aura un trou taraudé
pour chacune de ses vis, qui précédemment auront
dû être ajustées. Ces deux branches seront dres-
sées plates en dessus et mises chacune d'égale
épaisseur, largeur et longueur, en observant que
l'une d'elles ne puisse gêner la roue de fusée, et
vous l'adoucirez ensuite ; ce qui terminera provisoirement sa fabrication, vu que le monteur de
boîte et le doreur termineront le reste. C'est donc
maintenant de l'ajustage du cadran dont nous allons
nous occuper, pour terminer celui de la cadrature.

DE L'AJUSTAGE DU CADRAN.

Les horlogers ne fabriquent pas cette pièce,
mais ils la choisissent de grandeur convenable,
pour l'ajuster ensuite. Le cadran est concave en
dessous, pour faciliter le jeu des pièces de la cadrature, en lui laissant une élévation convenable,
qui, si elle n'existait pas à ce cadran, serait ob-

tenue par le moyen d'une plus haute épaisseur à la grande platine dans laquelle serait pratiquée une large et profonde creusure de ce côté, pour y loger les pièces qui doivent y être placées. Ce cadran est convexe en dessus, pour que les heures et minutes soient plus apparentes ; ce qui en même temps donne plus de grâce au cadran.

Pour ajuster votre cadran, vous ferez attention que ses pieds ne puissent gêner aucunes pièces de la montre, pour que vous ne soyez pas obligé de diminuer le nombre des pieds, ni d'en exiger le service en taillant la platine ; ce qui ferait une difformité très-nuisible.

Ce cadran convenablement choisi, vous dresserez les pieds le plus droit possible, et placerez ses trois pieds sur une carte qui débordera le cadran tout autour : vous le placerez ainsi entre les doigts de votre main gauche, la pièce en dessous, la carte en dessus, sans la fausser ni la forcer ; et de votre main droite, tenant une lime douce, vous limerez sur la carte, l'un après l'autre, l'endroit où le bout de chacun de ses pieds porte, jusqu'à ce qu'ils la traversent. C'est alors que vous ferez plaquer la carte contre les bords du cadran ; ensuite, avec des ciseaux vous couperez cette carte tout autour, jusqu'à ce qu'elle soit bien ronde et de la juste grandeur du cadran ; ce que vous parviendrez à obtenir, en la limant ensuite sur le bord, réunie à sa pièce. Amenée à ce but, vous la centrerez d'un trou, le plus au milieu possible; après cela vous ferez une petite entaille apparente, au bord de la carte, dans l'endroit qui se trouve juste au milieu du chiffre ou point de soixante minutes; laquelle entaille devra se raccorder avec celle faite au juste milieu du bord ou devant de la charnière. Vous ferez en sorte que le côté colorié de la carte plaque sur la platine, et que le côté blanc soit tourné en dessus, pour que les trous des pieds soient plus apparens.

Pour lors vous sortirez votre carte des pieds du cadran, en faisant grande attention à ne la pas forcer, pour ne pas en déjeter les trous; puis vous démonterez tout le dessus de votre grande platine; vous mettrez votre roue du centre en cage, vous la recouvrirez de sa petite platine que vous goupillerez, et vous introduirez sur la tige le trou du centre de votre carte, du côté où elle doit plaquer; vous raccorderez la charnière, tel qu'il a été expliqué ci-dessus, en faisant bien attention que la carte déborde bien également les bords de la platine, sauf à déjeter un peu, s'il le faut, le trou du centre de la carte.

Cette carte ainsi ajustée, sera saisie avec une pince à boucle, sans être dérangée de dessus la pla-

tine ; et vous marquerez à la platine les places où
doivent être percés les trous des pieds, par le
moyen d'un point pratiqué avec une pointe aiguë,
au centre des trous que les pieds ont précédemment faits à la carte. Ces points bien marqués seront centriquement approfondis, en commençant
par un petit trou qui sera ensuite évasé avec un
ébiseloir ; on les percera avec un foret plus gros
que le précédent, mais un peu plus petit que la
grosseur des pieds du cadran.

Ce travail exécuté, vous ferez à ces trous, de ce
même côté, de larges et profondes creusures coniques, jusqu'à environ la moitié de l'épaisseur
de la platine, pour y loger les petites gouttes que
l'émail forme au collet de ses pieds ; ce qui, sans
cette précaution, l'empêcherait de plaquer. Vous
ajusterez séparément chaque trou pour le pied qui
doit l'occuper ; et par-là votre cadran sera bien
plaquant et bien ajusté.

Ce travail achevé, vous mettrez le bout des pieds
de longueur convenable, pour que les goupilles
qui y seront introduites y aient toute la solidité ;
et ensuite vous en arrondirez et brunirez les bouts,
et ils seront prêts à être percés.

Pour cette opération, vous marquerez la place
de leurs trous de goupille bien au centre de leurs

corps et ras la platine, et cela dans la portion de chacun d'eux, qui la déborde, et dans la direction que doivent avoir ces trous, pour qu'ils ne puissent gêner les mobiles et autres pièces. Comme ces pieds sont en cuivre rouge, il faut vous munir d'un foret moyen à pivot, qui ait la mèche affûtée ronde, que vous garnirez bien d'huile, en perçant dans la direction convenable au trou qui doit être autant petit que possible, vu que l'expérience a démontré qu'une goupille mince est plus susceptible de bien tenir qu'une grosse, et n'altère pas la force des pieds du cadran et ceux des piliers des platines; ce qu'il faut bien observer.

Le travail de cette pièce amené à ce point, vous choisirez une grande virole de l'outil à planter, et vous l'appliquerez sur la petite platine qu'on aura montée sur ses piliers goupillés. Le cadran en place, vous appliquerez le tout sur l'outil à planter; bien entendu que le cadran devra être en dessus. Vous introduirez la pointe d'en bas de cet outil dans le trou du pont de fusée; et avec la pointe d'en haut, dont le petit bout a été précédemment garni de boue de la pierre à huile, et réintroduit ainsi dans son canon, vous l'appliquerez très-légèrement sur le cadran, pour que la boue seulement marque la juste place du centre du trou du remontoir au carré de fusée,

Alors vous aurez soin de ne pas l'effacer, en la retirant de l'outil ; et de suite, avec la pointe d'un burin bien affûté, que vous appliquerez sur cette marque, en appuyant un peu, vous ferez rouler le burin entre vos doigts, afin de percer votre cadran ; en observant, pour ce travail, que cette pièce demande une grande attention, et qu'il ne faut pas la brusquer, crainte de l'écailler. Pendant cette opération, ce cadran doit être démonté de sa cage et appliqué d'à-plomb sur le bout d'un bouchon de liége fixé à l'étau ; le burin renversé perpendiculairement, la pointe dans le cadran : telle est la manière de commencer à le percer.

Lorsque la pointe de ce burin, qui toujours doit être bien piquante, aura percé la plaque de cuivre qui se trouve entre l'émail, et fait éclater celui de dessous, vous passerez un petit équarrissoir dans ce trou, afin de l'accroître, en ne lui faisant mordre que le cuivre seulement, crainte d'écailler la pièce ; ensuite vous accroîtrez de nouveau au burin le trou, jusqu'à ce que le bout d'une fine lime queue de rat puisse y entrer ; alors vous l'y ferez mordre tout autour du trou, sans l'engager dedans, et seulement en la poussant, vu qu'autrement cela ferait écailler et annuler le cadran. Vous continuerez ce travail jusqu'à ce que

le carré de fusée puisse y entrer ; bien entendu
que, pour cette épreuve, il faut que la fusée soit
fixée en cage. Alors vous voyez si elle y arrive
au centre du trou, ou s'il est utile de le déjeter,
et de quel côté il faut le faire, ainsi que de combien il faut l'accroître, toujours bien rond, avec
la lime et les angles de la face du burin, pour
en ébarber seulement un peu le bord, crainte
de l'éclater, et cela jusqu'à ce qu'un carré de
clef d'une force convenable puisse y entrer sans
gêner le bord de ce trou, ce qui le ferait éclater
aussi ; mais il ne faut pas non plus qu'il soit trop
grand, vu que ce serait une difformité, qui, pour
la réparer, exigerait un rosillon dont la clavette
mal ajustée et peu solide fait arrêter les montres,
et qui par cette raison, sont plus nuisibles qu'utiles.

Ce trou amené à ce point, par le moyen de
la lime et du burin avec lesquels on l'a tenu le
plus rond possible, exige d'être adouci à la pierre
à l'huile broyée, pour achever de le mettre parfaitement rond.

Pour ce travail, vous vous munissez d'un bout
de gros fil de fer, le double plus gros que le trou,
long de trois pouces environ ; vous le montez d'un
cuivrot sur l'un de ses bouts, centré d'une pointe ;
l'autre bout aussi centré d'une pointe conique,
un peu rude et allongée, que vous garnissez d'un

peu de pierre à l'huile épaisse; alors vous garnirez le cuivrot d'un archet. Vous introduisez la
pointe dans le trou du cadran en dessus, et l'autre
pointe de l'outil dans une pointe de l'étau. Vous
tiendrez la face du cadran bien droite, en face
de la pointe, et vous agiterez l'archet, sans trop
appuyer; et par ce moyen, vous adoucirez le trou;
ce qui achèvera de le bien arrondir; et le trou
du remontoir sera parfaitement ajusté.

Le trou du centre du cadran s'accroît de la
même manière; et l'ajustage du cadran sera fini;
ce qui donnera à l'ouvrier la facilité de terminer
celui des pièces de cadrature, comme il va être
expliqué ci-après.

AJUSTAGE

DES PIÈCES DE CADRATURE SOUS LE CADRAN.

Premièrement, vous mettrez la barrette en place,
pour vous assurer si sa hauteur n'empêche pas le
cadran de plaquer, et pour la diminuer d'épaisseur, s'il en est besoin, et alors refaire les ébiselures et les approfondir jusqu'à ce que les bouts
des pivots viennent effleurer leurs trous; en ayant
soin ensuite de bien adoucir cette barrette, et de

mettre le bout de ses pieds et de ses vis à fleur de
la platine, de les arrondir et de les brunir avant de
les mettre en place ; ensuite il faudra essayer le
verrou, pour voir s'il joue convenablement, si le
dessus de sa griffe n'est point gêné par le cadran ;
et si elle est gênée, il faudra la diminuer en biseau,
pour corriger ce défaut ; puis vous mettrez l'on-
glette du verrou de longueur convenable ; vous
l'entaillerez par le milieu du bout, pour y loger
l'ongle ; vous adoucirez et polirez le verrou. Deuxièmement, vous ferez sur l'outil l'engrenage de votre
chaussée avec la roue de renvoi, en introduisant un
arbre-lice dans chacun des canons de ces pièces,
pour les monter sur le compas et en tracer l'engrenage sur la platine. Troisièmement, si la proportion du diamètre de la roue de canon a été bien
tracée, cette roue doit se trouver d'engrenage ;
mais avant d'arrondir cette dernière pièce en entier, on peut arrondir provisoirement cinq à six
dents. Pour s'assurer si la roue va bien et si l'engrenage est bon, on peut égaliser de suite et arr-
rondir la roue ; s'il est un peu fort, il faut diminuer
la roue sur sa circonférence ; enfin si l'engrenage
était de beaucoup trop fort, il faudrait entièrement
refaire cette roue, ainsi que le pignon de la roue
de renvoi, qui se trouverait trop gros ; mais si
la roue de canon se trouvait trop petite, on serait
alors obligé d'en faire une autre plus grande.

17

Ces roues placées convenablement à leurs engrenages, exigent; savoir : celle de renvoi, que
le canon de dessus la face soit ajusté de manière
que le cadran ne fasse pas pression, ce qui ferait arrêter le mouvement; il faut au contraire
qu'elle ait suffisamment de jeu pour être libre
dessous le cadran, parce que si elle en avait trop,
elle serait susceptible de sortir de son trou et
par conséquent de son engrenage; ce qui occasionnerait qu'elle marquerait les minutes seulement et ne marquerait point les heures. C'est alors
qu'il faut terminer d'ajuster le canon de la roue
des heures, en ne lui donnant de jeu tout au
plus que l'épaisseur d'une carte mince, et former
la portée de l'aiguille des heures de force convenable, c'est-à-dire ni trop mince ni trop épaisse,
afin que le canon de l'aiguille ne puisse frotter
au bord intérieur du trou du cadran. Ces deux
roues ainsi ajustées, égalisées et arrondies, sont
prêtes à être adoucies et polies, pour être entièrement finies.

La base du carré de chaussée doit commencer
à l'épaisseur d'une carte, au-dessus du bord de
la roue de canon, à cause du jeu de cette dernière; il doit avoir une ligne et demie de hauteur.
La longue tige de la roue du centre qui traverse
la chaussée (sur laquelle elle doit toujours tenir

à frottement, sans quoi la montre marcherait et les aiguilles ne marcheraient pas), doit la déborder d'une demi-ligne en dessus du carré, afin de pouvoir percer un trou diamétrale à la tige, ras le dessus du carré de chaussée, pour empêcher que cette pièce, par le moyen d'une goupille, mise serrée dans le trou, ne puisse s'enlever de dessus sa tige, ce qui occasionnerait une trop forte pression de la chaussée et de la roue de canon contre le cadran, ce qui ferait arrêter la montre. Le dessus du carré de chaussée ainsi ajusté, sera adouci et poli tant sur les faces de ses angles que sur sa face cubique. La façon et l'ajustage de ces pièces seront terminés.

Pour terminer l'ajustage de l'axe de fusée, vous couperez juste de longueur le pivot destiné au pont de fusée, de manière qu'il soit peu saillant hors du trou ; vous l'arrondirez et le brunirez bien ; ensuite vous mettrez un cuivrot sur son tigeron, pour avoir l'aisance de couper l'excédant du carré.

Le carré de fusée sera coupé de longueur, c'est-à-dire effleurant le bord extérieur du cadran, sans le déborder, pour éviter que l'aiguille des heures ne s'y accroche pas, ce qui occasionnerait un arrêt. Pour faire le travail dont il est question, vous mettrez la fusée en cage et son cadran en place ; vous marquerez au carré un trait apparent, pour indiquer où il faut le couper. (Tout ce qui est dit ci-dessus relativement à cette pièce, ne s'opère que lorsque la fusée aura ses filets taillés.) Vous monterez ensuite la fusée sur le tour, et vous couperez le carré juste de la longueur qu'il doit avoir, en faisant en sorte que son cube ou dessus soit bien plat ; vous l'adoucirez et le polirez.

Nous passons à l'axe du barillet qu'il faut finir d'ajuster. Pour ce travail, vous adoucirez votre petite platine en dessus et en dessous, pour en enlever tous les traits, afin de mettre le pivot d'en haut de l'axe du barillet convenable à l'épaisseur de cette platine, pour qu'il soit juste et à fleur du trou, sans la déborder ; vous l'arrondirez et le brunirez ensuite ; alors vous introduirez en cage votre arbre et mettrez en place son rochet, c'est-à-dire que vous le mettrez sur le carré de l'arbre bien plaquant à la platine, et marquerez un trait apparent à une demi-ligne en dessus du rochet, pour pouvoir bander le ressort convenablement. Ce trait fait pour marquer la longueur du carré, ne sera pas dépassé en le coupant ; et pour parvenir à ce travail, vous introduirez sur le corps de l'arbre un cuivrot ; vous monterez ainsi le tout sur le tour, et couperez l'excédant ; ensuite vous en adoucirez

le cube, en sortirez le cuivrot, et ajusterez un
crochet en acier au corps de l'arbre que vous aurez
soin d'y bien céler dans le trou, qui, précédemment y a été percé au centre de ce corps, pour accrocher l'œil du centre du grand ressort, que dans
cet instant vous devez ajuster à votre barillet qui
aura été précédemment pourvu de son crochet
qui doit être entaillé du côté droit, tandis que celui
de l'arbre doit l'être à l'opposé, c'est-à-dire du
côté gauche.

L'arbre ci-dessus étant terminé, vous prendrez
un ressort de hauteur et de force convenables ;
vous le roulerez sur l'estrapade ou monte-ressort,
de manière qu'il ne fasse pas moins de cinq tours
à cinq tours et demi au plus.

La hauteur de ce ressort doit être telle que,
roulé dans son barillet, et touchant le fond tout
autour, il n'arrive pas tout-à-fait au rebord du
fond du drageoir de son couvercle, afin que ses
lames garnies d'huile et renfermées dans cette pièce,
ne puissent être gênées dans leur jeu ; ce qui diminuerait la force du ressort en le faisant fatiguer,
et par-là occasionnerait des variations qu'il est ur-
gent d'éviter. Cette pièce ainsi terminée, est prête
à fonctionner en blanc, surtout si elle est droite
et libre en cage.

Je dois faire observer ici qu'il y a deux ma-
nières de finir une montre et par conséquent deux
sortes de finisseurs, auxquels il faut ajouter les
raccommodeurs qui les repassent. Les premiers
ajustent, font fonctionner toutes les pièces, remontent leurs mouvemens, dont les pièces d'acier,
excepté les pignons, sont seulement adoucies à la
pierre à l'huile, et lés pièces de cuivre adoucies
à la pierre à eau ; ce qu'on appelle achèvement
en blanc, après lequel le mouvement peut être
reçu dans sa boîte : la façon de cette dernière,
ainsi que le polissage des pièces de cuivre et
d'acier, et la dorure des platines, du coq, de
la coulisse, de la contre-potence et du pont de
fusée, sont du ressort du fabricant.

Les seconds finisseurs mettent le balancier de pesanteur, placent la verge du balancier et la roue
de rencontre, ensuite font l'échappement et ajustent
la spirale, prodiguent leurs soins aux trous et aux
pivots du rouage, c'est-à-dire, qu'ils vérifient le
mouvement pour réparer les fautes du premier
achèvement, soit en mettant les mobiles parfaitement droits en cage, s'ils n'y sont pas ; soit en cor-
rigeant les frottemens, les jeux ainsi que les engrenages ; et enfin en mettant les trous justes et
libres aux pivots ; ajustage qu'il faut leur donner.
Ensuite lesdits finisseurs brunissent les vis et les

font revenir bleues, nétoyent et remontent les mouvemens très-proprement, tels que nous les recevons des fabriques, lesquels, malgré ces soins,
ont tous besoin d'un repassage, vu qu'ils sont pour
la plupart susceptibles d'arrêts et d'irrégularités ;
défauts qu'on peut attribuer à la modicité du prix
qu'on donne aux ouvriers des fabriques, qui, par
cette raison, apportent peu de soin à leur travail,
et laissent beaucoup à faire aux rhabilleurs chargés
de repasser lesdits mouvemens.

L'ajustage du barillet dont j'ai traité ci-dessus,
étant ainsi terminé et mis droit en cage, avec les
précautions nécessaires pour éviter les frottemens
qui seraient une cause d'arrêt; il s'agit actuellement
d'apporter tous vos soins à la fusée garnie de sa
roue et de son garde-chaîne ou crochet, afin de
vous assurer s'il n'y a pas de frottemens, si son
engrenage est bon, et si elle est suffisamment distante des platines.

Pour redresser cette pièce, dans le cas où elle
ne serait pas droite en cage, vous considérerez l'engrenage, pour acquérir la certitude s'il est bon ou
s'il est trop faible ou trop fort, afin de savoir si
c'est par la grande platine où le pont de fusée que
vous devez déjeter le trou, pour ensuite le remettre
rond et le boucher avec un bouchon tourné, proprement ajusté et rivé; car tel est le meilleur

moyen pour redresser ces pièces, en déjetant
ainsi convenablement leurs pivots.

Les deux premiers mobiles ainsi ajustés en cage,
vous choisirez une chaînette de grosseur convenable
à la largeur des filets de la fusée, lesquels doivent
être remplis par l'épaisseur de la chaînette. Vous
la roulerez tout autour de la fusée, jusqu'à ce
qu'elle en soit remplie et qu'elle ait encore un
pouce et demi plus long, le bout garni d'un crochet; vu que si elle était trop courte, cela la ferait
casser à chaque fois qu'on la monterait. Si elle
était trop longue, cela la ferait trevaucher, c'est-
à-dire, occasionnerait que l'un de ses premiers
tours passât l'un par-dessus l'autre; ce qui ferait
un arc-boutant qui ôterait la force au grand ressort, et ferait arrêter la montre.

Cette chaînette ainsi ajustée, vous la monterez
sur le barillet ou tambour, où elle tiendra accro-
chée en cage, par le moyen de l'encliquetage du
rochet de barillet. Ainsi montée, vous accrocherez
l'autre bout à la goupille de l'entaille de la fusée,
ainsi mise en cage, pour tenir liés ensemble, par le
moyen de la chaînette, ses deux premiers mobiles :
bien entendu que le guide-chaîne ou arc-boutant et
son ressort, ainsi que la potence, sont à leur
place, à la petite platine qui couvre le tout, et
que les piliers sont garnis de leurs goupilles.

Dans cette disposition, et avec une clef que vous
soutenez bien au fond du carré de la fusée, vous
monterez sur cette dernière pièce votre chaînette,
pour vous assurer si elle garnit entièrement ses
filets, si elle n'est pas trop grosse ou trop mince;
inconvénient auquel vous remédieriez s'il y avait
lieu, en y replaçant une autre chaînette plus convenable. Vous observerez ensuite si le guide-chaîne
fait ou ne fait pas son effet, avant que la fusée soit
entièrement garnie, ou s'il manque de le faire,
lorsqu'elle est suffisamment garnie; ce à quoi il
faut remédier par les moyens que le défaut vous
indique lui-même, et observer aussi si la chaînette
ne frotte pas contre le dos de la potence; ce qu'il
faut corriger en la diminuant proprement et suffisamment; ce qui fera que la chaînette et le guide-
chaîne seront finis d'ajuster.

Le travail ci-dessus étant terminé, il faut s'occuper d'égaliser et d'arrondir les dentures de tout
ce rouage, si d'avance il ne l'a été de la manière
que je l'ai précédemment indiquée, et radoucir ensuite les roues, pour en bien vérifier les engrenages, ainsi que les trous des pivots, les jours
et les jeux de chacune de ces pièces, et voir si
elles sont bien droites en cage : tout ceci est de
rigueur pour qu'elles puissent bien fonctionner.

Pour le travail ci-dessus, vous placerez votre roue du centre en cage ; vous observerez : 1.º si elle y est droite ; 2.º si le trou de son petit pivot est bon, vu que celui de la longue tige a dû rigoureusement être tenu juste, en ajustant le pignon à ce trou qui ne doit jamais être déjeté ; 3.º s'assurer si elle ne frotte pas au fond et au rebord de sa creusure ; 4.º si ses jours sont bons, c'est-à-dire, que la potence, la fusée et le barillet mis en cage, la roue du centre ne puissent frotter à aucune de ces pièces ; 5.º si elle a ou non du jeu, et s'il est suffisant, vu qu'un peu lui est nécessaire, et que trop ou pas assez lui est contraire. Il est utile de faire toutes ces observations à chacun de ces mobiles, avant que d'essayer à les corriger, afin d'employer ensuite les moyens les plus convenables dans cette circonstance, pour faire disparaître ces défauts ; moyens qu'ils indiquent eux-mêmes à l'artiste intelligent : car si la roue du centre touche à la gorge de sa creusure, il concevra facilement qu'il faut diminuer un peu les pointes de denture et les arrondir ensuite ; il fera une pareille opération à la roue de fusée, si l'engrenage est un peu trop fort. Les grandeurs de ces mobiles ayant d'avance été bien prises, par cette raison elles ne doivent laisser que fort peu à y retoucher pour la perfection de leurs engrenages, ainsi que pour la correction des frottemens, lesquels, par ces moyens,

étant disparus, disposent ces mobiles à bien fonctionner. Mais il faut s'assurer encore si la roue du
centre touche au fond de sa noyure ; dans ce cas
il faut en rendre le fond convexe, en frappant à l'opposé ; si au contraire la roue excédait sa noyure,
défaut qui ne doit pas avoir lieu, le moyen de le
corriger serait de rendre la creusure plus concave,
afin d'éviter les frottemens que les mobiles supé-
rieurs pourraient y occasionner : par cette raison,
il faut disposer le trou du petit pivot de cette roue
comparativement au jeu que ce travail lui a donné
ou lui a ôté, soit par une creusure, soit par une tétine en dedans de la petite platine; dernier moyen
qui n'est bon que dans le raccommodage, mais qui
serait une grande difformité dans un mouvement
neuf, où dans ce cas il serait plus à propos de
refaire convenablement le pignon.

Si le trou du petit pivot est trop grand, il faut
l'accroître un peu plus, afin que le bouchon
qu'on y replacera à vis ait suffisamment de corps
pour se maintenir en place, et que l'on puisse
tarauder le trou dans lequel il doit être placé. Je
fais observer ici que tous les trous à reboucher
doivent être à vis, autant pour la solidité des bouchons auxquels ils sont destinés, que pour celle
des pivots des petits mobiles. Vous tarauderez ces
trous avec un petit tarau, et les bouchons avec le

trou de la filière qui conviendra à ce tarau, en observant que le bouchon tienne à frottement dans l'écrou. Cette sorte de bouchons taraudés est bien préférable aux bouchons lices, qui, avec le temps, finissent toujours par sortir de leurs trous.

Ce trou de la roue du centre ayant été proprement bouché, sans qu'on ait offensé ni dégradé la platine, on aura soin de procéder avec la même attention pour tous les autres trous des pivots, tant aux platines qu'aux pièces qui en ont, et ce afin de ne pas gêner ces pièces. Ces trous ainsi proprement rebouchés, vous les remarquerez de nouveau, comme il va être démontré ci-après pour tous les trous qu'on doit reboucher et replanter lorsqu'ils sont trop grands ; seulement je dirai en passant, que la place des trous dont les engrenages seront trop forts ou trop faibles, doit être tracée avec l'une des pointes du compas d'engrenage, après que l'engrenage aura été rajusté sur cet outil, par le procédé précédemment démontré.

Le trou du centre ainsi rebouché, vous réunirez vos deux platines et les goupillerez ; vous placerez le tenon de votre outil à planter fixé à un des côtés des mâchoires de votre étau, et bien tenu. Vous choisirez l'une des viroles de l'outil qui paraîtra la plus convenable, pour l'appliquer bien plaquante sur la platine du côté du trou rebouché, et vous renverserez ainsi le tout sans dessus dessous; et l'appliquerez de même bien plaquant sur la tablette de l'outil; alors vous introduirez la pointe d'en haut de l'outil dans le trou du centre de la grande platine, sans que sa cage soit dérangée de plaquer sur sa virole et cette dernière sur l'outil; et tenue ainsi un peu serrée par la pression suffisante que l'on fait sur la pointe d'en haut; alors vous introduirez la pointe d'en bas dans son canon, jusqu'à ce qu'elle atteigne le bouchon mis précédemment à la platine; ensuite vous ferez pression des deux côtés, c'est-à-dire, d'en haut et d'en bas, ce qui marque directement le trou et la place qu'il doit occuper, si l'outil est juste et bien dirigé. Pour lors vous percerez droit le point avec un foret à pivot un peu plus petit que le pivot, afin de redresser le trou, au cas qu'il aurait été percé un peu penché, et cela par le moyen d'un équarrissoir à pivot; observant de ne l'accroître droit que suffisamment pour que le pivot y entre juste, et qu'il n'ait de jeu dedans seulement que pour y être suffisamment libre; ce que l'on reconnaîtra en replaçant le pivot dans son trou. Dans ce cas, si la roue ballotte tant soit peu, le trou est bien; si elle ballotte beaucoup, il est trop grand, et par cette raison bon à reboucher. Pour lors vous remettrez votre roue en cage, afin de vous assurer si elle y est libre, si elle a trop ou pas assez de jeu, vu qu'il lui en faut un peu; vous

reconnoîtrez de quel côté de l'une ou de l'autre
platine il est le plus avantageux de lui en donner
ou de lui en ôter pour la perfection de son engrenage. Telle est la seule et vraie manière de bien
reboucher avec solidité et propreté le trou d'un des
petits pivots d'une montre, en conservant ou plaçant la roue à son juste engrenage; sans laquelle
précaution la pièce serait susceptible d'occasionner un arrêt.

Les pivots de ces sortes de roues doivent être
plus courts que l'épaisseur de leurs platines dans
lesquelles ils roulent, pour que les pièces qui sont
dessus ne les gênent pas; ce qui donne la facilité
de faire à ces trous, en dessus des platines, des ébiselures coniques, pour servir de réservoirs à l'huile
qui doit être mise aux pivots, et pour entretenir
leur liberté et leur conservation, mais dont la
trop grande quantité leur est contraire, vu qu'elle
retient la poussière qui s'introduit dans cette machine; ce qui parvient à en corrompre l'huile,
contribue aussi à rayer ou ronger les pivots, et
par-là occasionne de grandes réparations aux
mouvemens.

Ayant ainsi terminé d'ajuster en cage la roue
du centre, vous y placerez avec les mêmes précautions, la roue dite petite roue moyenne et la
roue de champ, comme il a été précédemment ex-

pliqué. Ce travail termine définitivement l'ajustage
du rouage, celui des engrenages, ainsi que l'ajustage des trous des pivots, et les mettent dans le
cas de fonctionner comme il faut.

Ce rouage ainsi préparé, et auquel il manque
les mobiles de l'échappement, pour la confection
de ce mouvement; il est maintenant temps de les
y ajuster, pour en achever la construction, en y
ajustant une roue nommée *roue de rencontre*, laquelle se fabrique comme il a été expliqué dans
les premiers articles de cet ouvrage. Mais pour
son ajustage et sa proportion, il faudra suivre
la méthode qui va être expliquée ci-après.

AJUSTAGE DE LA ROUE DE RENCONTRE.

La potence ayant son bec d'une demi - ligne
d'épaisseur seulement, pour avoir la consistance
nécessaire, afin de pouvoir y pratiquer un trou
convenable pour une bonne proportion du pivot
d'en bas de la verge du balancier; ce bec de potence ainsi préparé, et la potence tenue à la platine, vous prendrez avec le compas d'épaisseur,
dit *huit de chiffre*, la grosseur ou le diamètre de
votre roue de rencontre, à partir de la super-

ficie ou dessus de votre petite platine, et cela pour
revenir à l'épaisseur d'un quart de ligne moins
grand que l'intérieur au-dedans du bec de potence; ce qui fera juste la grosseur ou le diamètre
que doit avoir la roue de rencontre, peu importe
le nombre de ses dents qui ne doivent y être
faites que convenablement au nombre des roues
qui composent son rouage, et tel qu'il a dû être
marqué sur son calibre. Ce diamètre ainsi pris
avec le huit de chiffre, sera communiqué au calibre à pignon, de peur qu'en fabricant la roue,
le compas d'épaisseur ne vienne à s'ouvrir ou à
se fermer, et ne se trouve heurté, ce qui ne donnerait plus les mêmes proportions qu'il faut être
soigneux de conserver en fabriquant cette pièce.
La roue faite et croisée d'après cette proportion,
son fond extérieur adouci et poli, vous la riverez
alors sur son pignon, le plus droit possible, afin
qu'elle y soit bien fixée, sans être mobile; vous
ajusterez ensuite la hauteur de son champ, c'est-
à-dire que le bord où sera la pointe des dents
sera achevé d'être dressé au burin; la roue étant
ensuite libre en cage, sans trop de jeu, son bord
doit effleurer le trou d'en bas, fait et planté pour
la verge du balancier qui doit avoir été pratiqué
au bec de potence. Cette roue ainsi ajustée sur
son pignon, sera fendue sur l'outil, d'après le
nombre convenable qui lui est destiné. La den-

ture doit être bien formée et un peu inclinée, et
ensuite dégagée de la cire qui la tient à l'outil;
pour cela on l'aura fait chauffer doucement; ensuite on enlèvera la cire qui pourra rester à cette
roue, par le moyen d'un bain d'esprit-de-vin,
dans lequel on la mettra à tremper, jusqu'à ce
que la cire soit entièrement dissoute. Vous acheverez votre roue et la nettoierez avec la brosse et
du blanc, pour en ôter l'humidité; puis vous la
replacerez sur le tour, garnie de ses pointes à
cônes, pour ne pas casser les pivots, et afin d'enlever les bavures des dents, en dedans du champ,
par le moyen du burin à crochet convenable et
bien affûté; et en dessus du champ, par le moyen
de la face du burin à pointe, et ensuite à la
pierre à l'eau; ce qui termine la fabrication de
cette roue. Mais si cependant les pointes des dents
qui doivent être graduellement amincies et ame-
nées aiguës à leurs pointes, se trouvaient trop
carrées en cet endroit, on pourra les rendre
égales dans toutes leurs dimensions, en limant
également le dos de ces dents, depuis le fond de
chacune d'elles, s'il est nécessaire de l'enfoncer
ou sans l'enfoncer, et cela jusqu'à la pointe; en
observant de ne pas les rendre plus aiguës les
unes que les autres, mais fines par la pointe,
et en observant encore de laisser suffisamment
de la matière à chacune d'elles, pour ne pas trop

18

les affaiblir. Ce travail se fait avec une lime dîte
à roue de rencontre, qui ne sert que pour cette
opération. Pour donner une belle proportion à
votre denture, il faut qu'elle ne soit ni trop longue
ni trop courte ; car, dans le premier cas, les
dents seraient trop faibles, et dans le second,
la palette du balancier pourrait y toucher et s'arrêter. Je fais ici l'observation qu'on ne doit jamais
limer au-devant des pointes des dents de cette roue ;
autrement on courrait les risques de les rendre
inégales ; ce qui occasionnerait des précipitations
pour les unes et des lenteurs pour les autres, et
donnerait lieu à un fort mauvais échappement.

Tels sont les soins appliqués qu'exige la perfection de cette roue sur laquelle peut agir un
ressort de montre capable d'enlever un poids de
six livres, et dont l'action motrice peut être arrêtée
par la rencontre d'un petit corps étranger introduit
dans la roue, lorsque le rouage est monté, ou
dans son pignon, ou l'inégalité de poids de la
circonférence de cette roue. Telle est la suscepti-
bilité de cette pièce qui peut être encore arrêtée
soit par un de ses trous trop juste ou trop grand,
soit par la moindre bavure qui peut se trouver à
ses pivots, s'ils sont mal arrondis, soit par ses
portées mal nettoyées de bavures, soit enfin par un
accrochement ou par un défaut d'engrenage.

Je passe à la description de la verge du balancier.

DE LA VERGE DU BALANCIER.

Cette pièce destinée à former l'échappement du
rouage, pour un temps déterminé, peut être cons-
truite de diverses formes. La première se nomme
rouleau, qui, à cause de sa matérialité, me
semble la moins bonne; la seconde, appelée verge
entaillée, ayant un corps bien moins gros que la
précédente, et néanmoins encore un peu matérielle, ne laisse pas, si elle est bien conditionnée,
de faire un très-bon échappement; la troisième
est la verge dite à filet : cette dernière, à mon
avis, est la meilleure, si elle est convenablement
ouverte, et lorsqu'elle est pourvue d'un corps suffisamment nourri, c'est-à-dire pas trop menu,
crainte qu'il ne soit trop flexible ni trop gros,
de peur que l'échappement ne puisse approcher
assez près, et dans les proportions voulues par
les règles de l'art.

Chacune de ces verges porte deux palettes de
largeur bien égale, faisant partie de l'axe de cette
pièce : la palette d'en bas est ordinairement moins

longue que celle d'en haut, parce qu'il faut qu'elle ait son libre passage entre le bec de potence et le bec du lardon. Celle d'en haut est la plus longue, en raison de ce qu'elle doit être soudée à l'argent, pour la rendre plus solide dans le tampon de cuivre nommé *assiette*, que traverse la longue tige de cette verge, dont la description sera faite en son lieu, en même temps que je donnerai la raison pour laquelle elle est soudée à ce tampon.

FABRICATION DE LA VERGE.

La verge de balancier se fait avec de bon acier préparé pour ce travail, ou avec de l'acier rond, dit à vis, que l'on rend carré dans toute sa longueur. Vous étant pourvu du premier, vous en couperez un bout de huit à neuf lignes, la petite palette qui est celle d'en bas, devant être du côté gauche. Vous limerez l'aile droite de votre acier à verge, par en bas, de la longueur de quatre lignes, jusqu'à ce qu'elle ait atteint le niveau du pied de l'autre aile restante. Celle-ci doit former la petite palette, au bout de laquelle il sera fait une entaille sur son dessus, de la longueur d'une ligne et demie, pour en former le petit tigeron aussi tenu provisoirement carré, lequel doit faire

partie du corps ou axe de la verge. Ce travail
opéré, vous pincerez dans le petit étau à main,
la longueur destinée à former cette petite palette,
provisoirement un peu plus longue qu'elle ne doit
rester, c'est-à-dire d'une ligne de longueur, et
vous limerez le superflu de l'aile comme le précédent tigeron, jusqu'au niveau de l'aile qui doit
former la grande palette, dite d'en haut, qui,
par ce moyen, doit être placée à droite, qui est
l'opposé de la précédente, et cela dans toute sa
longueur. Alors vous détacherez votre verge de la
pince, dite petit étau à main, afin de prendre et
marquer la hauteur provisoire de cette verge, qui
est l'épaisseur qu'il y a à partir du bec de potence à venir à une ligne au-dessus de la petite
platine. Vous marquerez cette hauteur à votre
pièce, par une petite entaille sur le dessus de
son aile, qui vous indiquera le bout extérieur de
votre grande palette ; alors le surplus restant,
devant avoir environ trois bonnes lignes de longueur, vous en formerez la longue tige comme
vous avez formé la petite, dont le corps de cette
tige doit se trouver sur la même ligne que le corps
de la verge et celui de son petit tigeron ; ce qui
formera l'axe de cette verge de balancier, que ces
deux palettes déborderont sur le côté. Votre ébauche de verge formée à ce point, vous introduirez
au travers de la croisée de votre petite platine,

le bord du dessous de la petite palette, portant, en cet état, sur le dedans du bec de potence ; le bord de cette petite palette ainsi appuyé, là grande palette ne doit saillir que d'une demi-ligne au plus le dessus de la petite platine, ce qui formera sa hauteur provisoire.

Cette ébauche amenée à ce point, vous limerez plat et bien également tant sur le dedans de chacune de vos palettes, que sur la partie du corps qui est de la même direction, jusqu'à ce que le corps et les palettes aient acquis le diamètre d'une fine aiguille anglaise, dans toute la longueur de la pièce que vous destinez à être une verge à filet.

Lorsqu'elle sera amenée à ce point, vous limerez également chacun des angles du corps des tiges, afin de les réduire à huit pans égaux, pour ensuite mettre bien rond cet axe et de bien égale épaisseur dans toute sa longueur, sans qu'il n'y existe aucunes cavités ni bosses. Les côtés des palettes doivent être coupés à la lime bien carrément, bien droits et plats, en les mettant de longueur convenable, afin qu'elles soient suffisamment distantes du bec de lardon de potence, pour n'en être pas gênées lorsqu'on mettra la verge en cage, ou qu'on l'en retirera.

Ce corps ainsi mis rond, bien cylindrique et de

grosseur convenable, et les palettes mises de largeur, il faudra les entailler à filets ; ce dont on
va s'occuper maintenant.

Pour ce travail , vous placerez dans le petit
étau à main un des tigerons de votre verge, et
l'appuierez adossé à une coche ou entaille plate et
profonde, faite en travers sur votre bois à limer
sur lequel elle doit plaquer ; ainsi soutenue de la
main gauche, vous vous munirez de la main droite
d'une bonne lime à pivot, que vous tiendrez avec
les deux premiers doigts et le pouce, plaquante
sur votre palette ras le corps de la verge, sans pour
ainsi dire l'entamer, mais un peu inclinée de ce côté,
le manche de la lime s'appuyant par-dessus l'entre-
deux du pouce et du premier doigt. Ainsi cette lime
tenue et appliquée, vous la poussez droite plaquante, jusqu'à ce que l'entaille qui doit être bien
plate, sans facette, et pas plus enfoncée d'un bout
que de l'autre, arrive ainsi ras le corps, sans l'entamer, à deux cinquièmes de l'épaisseur de la palette, vu que l'adouci et le poli ameneront cette
entaille à près de la moitié de l'épaisseur de cette
dernière , qui ne doit jamais être dépassée.

Après ce travail, il reste dans toute la longueur
de la palette, ras le corps, un petit angle que l'on
fait disparaître avec le bout de la face d'un burin
affûté, et dont la pointe est émoussée, pour ne pas

gâter l'intérieur de la palette ; c'est avec cet outil
que vous formez et arrondissez bien le filet vis-à-
vis votre palette, afin qu'il soit parfaitement de niveau et cylindrique avec le corps, en observant de
n'y laisser ni bosses, ni cavités, ni facettes ; ce qui
termine la façon de cette palette, laissant à faire
pareille opération pour l'achèvement de l'entaille de la seconde ; ce qui étant ainsi opéré, renvoie à l'ouvrage suivant, qui est de mettre chaque
palette d'égale épaisseur dans toute leur longueur
et largeur ; ce qui s'opère par le dos de chacune
d'elles, qui doit être dressé bien plat à la lime,
sans offenser le corps de la verge, mais y arriver
juste, afin qu'elle n'ait que la moitié de l'épaisseur de leur axe, qui est le corps de la verge. Ce
travail opéré vous renvoie au suivant, qui est celui
de tenir la verge ouverte juste de deux septièmes
de cercle, pour en obtenir de belles vibrations sans
renversemens ; ce qui aurait lieu si elle était trop
fermée ; et si elle était trop ouverte, elle ne pourrait
croiser : c'est pour cela qu'il faut faire grande attention à éviter de tomber dans ces deux inconvéniens, avant de la tremper ; vu que pour les corriger
après, on risque de les casser, ce qui est très-or-
dinaire en ce cas.

Lorsque cette verge aura bien acquis le degré
d'ouverture, il faudra s'occuper de donner à ces

palettes la largeur que les proportions exigent ,
lesquelles , d'après nos anciens traités ou règles
de l'art, sont cotées à la cinquième partie du diamètre de la roue de rencontre. L'expérience m'a
démontré plusieurs fois que ce principe était trop
fort ; car j'ai vu de ces verges ouvertes, d'après
les proportions voulues, avec lesquelles il était
impossible d'en obtenir de belles vibrations , sans
accrochemens , par rapport à la trop grande largeur des palettes établies suivant ce principe ; ce
qui donnait occasion à leurs rebords d'arc-bouter
en passant sur le dos des dents de la roue de rencontre, quoique suffisamment profonde et les dents
aussi fines qu'elles pouvaient l'être, en ne leur
laissant que la consistance convenable pour leur solidité. L'expérience m'a donc convaincu que la
sixième partie est préférable à la cinquième, d'autant plus qu'il est reconnu qu'une verge un peu
étroite donne sans inconvénient de très-belles vibrations. C'est donc à cette sixième partie de largeur qu'il faut réduire les palettes des verges , pour
en obtenir un bon échappement, sans l'inconvénient
ci-dessus. Vous mettrez donc chacune d'elles d'é-
gale largeur dans toute leur longueur , et d'après
cette mesure que chacune d'elles ne soit pas plus
large l'une que l'autre, ce qui leur donnera une
belle et bonne proportion , et auxquelles il ne restera plus à y limer à chacune qu'un biseau sur

l'angle du dessous des palettes, c'est-à-dire, du côté du dos de chacune d'elles, afin de les empêcher d'arc-bouter contre le dos des dents de la roue de rencontre.

Ce biseau doit n'occuper que le quart ou le tiers au plus de la largeur de la palette, dans toute sa longueur, et venant à effleurer le rebord du dessus intérieur de cette palette. Il doit être limé bien plat et bien égal, et n'être pas plus large d'un bout que de l'autre, tant à l'une qu'à l'autre palette; ce qui étant obtenu, il ne reste plus à faire pour terminer son ébauche que de former au bout de ses tiges et à chacune une pointe bien centrée; ensuite vous dressez bien la verge et ses tigerons; ce qui la rend prête à recevoir la trempe, qui, si elle est soudée à l'argent ou à l'étain, exige un travail préliminaire.

Ce travail consiste à préparer une pièce de cuivre nommée *assiette*; cette pièce est un petit bout de cuivre rond, long d'une ligne et demie, plat des deux bouts d'une ligne de diamètre, percé tout au travers par le centre; dans lequel trou s'introduit aisément la longue tige qui est celle de la grande palette qui doit avoir été tenue deux fois plus longue que celle de la petite, c'est-à-dire de trois bonnes lignes de longueur. Cette assiette ainsi préparée, vous entamerez son diamètre par le juste

milieu , avec une lime à fendre et d'un côté seulement , jusqu'à ce que l'entaille ait atteint un tiers
de ligne de profondeur tout au plus , pour donner
facilité au bord de la palette d'y entrer , et pour
lui donner plus de solidité. Alors, si c'est à l'argent
que vous voulez la souder , vous vous munissez
d'un peu de bourax que vous pulvérisez et humec-
tez avec une goutte d'eau ; et avec cette drogue
vous en imbibez le trou de l'assiette et la tige de la
verge ras la palette, laquelle vous enfilez de suite
dans l'assiette, et placez ras de ses deux parties du
côté du dos de la palette , un petit paillon de soudure d'argent au tiers. Vous placez le tout sur le
bout d'un morceau de charbon de bois , long de
trois pouces, que vous approchez ainsi de la mèche
d'une chandelle allumée, afin de faire rougir la
verge et de faire couler la soudure par le moyen du
chalumeau , et vous la plongez toute rouge encore
dans un demi-verre d'eau froide, placé d'avance à
votre proximité, afin de la bien tremper. Cette
trempe sera bonne si l'acier est blanc dans ses diverses parties , après l'opération. Ensuite vous
dérochez la verge avec la pierre ponce , afin de
reconnaître en la faisant revenir de couleur paille,
si elle est revenue également dans toute sa longueur ;
ce qui est de rigueur pour le corps et les palettes.

Cela fait , vous placez la verge sur les becs du

compas d'épaisseur., afin de reconnaître, en l'y faisant tourner, si elle est droite ou faussée. Dans ce
dernier cas, vous reconnaîtrez de quel côté est la
bosse, afin de la redresser avec le marteau dit
tranchant, et par les mêmes procédés employés
pour les tiges des petits pignons, afin de la mettre
parfaitement droite, et que le corps et les tiges
tournent bien ronds. Après cela vous adoucissez
votre verge jusqu'à ce que tous les traits soient bien
disparus tant sur le corps de l'axe qui par ce travail doit être maintenu bien cylindrique, que sur
toutes les faces des palettes qui doivent aussi être
maintenues bien plates. Alors vous nettoierez bien
proprement votre verge, et la polirez le mieux possible, pour ensuite l'ajuster en cage, comme il suit.

Vous garnissez la verge soit d'un cuivrot à verge
ou à cire ; vous la placez sur le tour et y levez
le pivot du côté de la palette d'en bas, dite petite
palette, en laissant entre elle et le pivot un petit
bout de tigeron long de l'épaisseur d'une bonne
carte ; le pivot de ce tigeron doit être long d'environ une demi-ligne. Vous tournez ce pivot, le
roulez cylindriquement et le brunissez ensuite jusqu'à ce qu'il soit réduit à un quart de la grosseur de son tigeron, si le corps de la verge est
un peu nourri ; ou au tiers ou à moitié, proportionnellement, si le corps est maigre. Ce pivot ainsi roulé

bien cylindriquement dans la longueur décrite ci-dessus, vous en arrondissez le bout que vous brunissez aussi ; jusqu'à ce qu'il ne raye pas l'ongle
sur lequel vous en ferez l'épreuve. Ce pivot ainsi
terminé, est convenablement long au bec de potence, qui porte à son centre le trou dans lequel doit rouler le pivot qui doit la déborder
de moitié, par le moyen d'une ébiselure faite au
trou, en dedans de ce bec, laquelle ébiselure
doit être profonde d'environ moitié de l'épaisseur
du bec de potence. Cette ébiselure a la propriété
de faciliter l'introduction du pivot dans son trou,
préparé à la demande nécessaire pour le recevoir,
et de manière que le pivot soit bien en cage. Vous
faites ensuite, au bord du tigeron, un biseau avec
la pointe du burin ; et cette partie est entièrement terminée.

Alors vous tournez ronde et cylindrique l'assiette de votre verge ; vous mettez son diamètre plat
et de hauteur convenable, et formez son canon de
rivure du côté de son tigeron ; ensuite vous placez
en cage, sous coq et sans coqueret, votre verge,
afin de reconnaître si l'assiette n'est pas trop basse ;
ce qui occasionnerait un grand travail, vu qu'il
faudrait en souder une autre, ou faire une autre
verge ; ou si elle est trop haute, afin de la baisser
convenablement, pour que le balancier, lorsqu'il y

sera rivé, puisse avoir un jour suffisant et égal, et de manière qu'il ne puisse frotter contre le fond du coq; le balancier devant occuper le juste milieu de l'espace qu'il a entre cette dernière pièce et la coulisse; ce qu'il faut bien observer pour qu'il ne soit gêné ni par l'un ni par l'autre.

Cela vérifié, vous formez sur l'assiette un petit canon moitié moins gros que son corps, par la raison que c'est sur lui qu'est fixé le balancier, dont le trou est ajusté à frottement sur le canon de l'assiette, pour y être rivé et fixé, afin qu'il soit immobile. La rivure de ce canon ne doit déborder que fort peu le trou du balancier; elle doit être creusée pour qu'on puisse la rabattre après que la verge du balancier aura été convenablement placée, comme il va être expliqué ci-après.

Cette assiette ainsi terminée et ajustée à son balancier, vous prenez la hauteur de votre verge, comme il suit, afin d'y former le pivot dit d'en haut, qui roule dans le coq, c'est-à-dire que vous fixez votre coq et la potence à la petite platine, le bec de potence et le coqueret de cuivre découverts de leurs plaques d'acier seulement, et avec le compas d'épaisseur ou un calibre à pignon à long bec, dont l'un des becs appuyé sur le bec de potence et l'autre bec appuyé sur le coqueret, vous donne la hauteur de votre verge, par l'extrémité de ses pivots. C'est d'après cette hauteur que vous prenez à vue d'œil, sur le bout de la longue tige qui en fait partie, la lon-gueur de votre pivot d'en haut, qui se fait et s'ajuste comme celui d'en bas. Cela termine la fabrication de cette pièce qui se trouve alors en état d'être rivée à son balancier.

Pour ce travail, vous vous munissez d'un outil nommé *presse*, ou d'un autre nommé *noisette*, qui à mon avis est plus commode que le premier. Vous fixez l'un ou l'autre à votre étau, et placez ensuite votre verge à son balancier, l'angle de la grande palette vis-à-vis une de ses barrettes ; et vous la placez ainsi sur votre presse ou noisette, pour la faire tenir un peu à son balancier. Alors vous la retirez de l'outil, la présentez en face de la denture de votre roue de rencontre, qui doit être mise en cage, et vous observez que les palettes de votre verge approchent également de la denture, et qu'en cet état la barrette du balancier où est fixée la grande palette, se trouve parfaitement au centre des deux bouts de votre coulisse qui doit être aussi fixée sur la platine : si, la verge ainsi présentée à la roue de rencontre, la barrette ne se trouve pas dans la position ci-dessus décrite, vous l'y faites venir avant d'achever de la river à demeure ; position dans laquelle elle doit être immobile. Son balancier doit tourner bien droit, lorsqu'elle est rivée. Alors il vous sera facile d'y ajuster les trous à la demande de ses pivots qui doivent y entrer justes et libres ; mais il faut, pour cet effet, que la verge soit plantée parfaitement droite en cage. Cette pièce se trouve entièrement ajustée et prête à former l'échappement, ainsi que je vais l'expliquer.

AJUSTAGE

DE L'ÉCHAPPEMENT A ROUE DE RENCONTRE.

On nomme en horlogerie *échappement*, l'art d'ajuster la dernière roue d'un rouage à la pièce d'échappement qu'elle est destinée à faire mouvoir. Nous distinguons dans les montres, plusieurs sortes de pièces d'échappement, nommées d'après leurs formes, cylindres, virgules, ancres, verges de balancier appelées échappemens à roues de rencontre : à chacune de ces pièces, dans les montres, est réuni un balancier rond, qui en est le régulateur, au moyen d'un ressort spiral qui y est adapté. Ce balancier est mis en action par un rouage activé lui-même par un grand ressort qui en est le moteur.

Comme je ne veux traiter ici que de l'échappement d'une montre à roue de rencontre, je fais remarquer que la pièce d'échappement se nomme verge du balancier, et que la roue qui la met en mouvement, se nomme roue de rencontre.

Ces deux pièces convenablement ajustées et placées en cage, dans la position qu'elles doivent y occuper, c'est-à-dire bien droites et libres, leurs pivots bien ajustés dans leurs trous, les dents de la roue de rencontre parfaitement égales entre elles, tant par la distance des unes et des autres, que par leur longueur et leur grosseur ; on observera que toutes ces dents doivent être fines sans être aiguës, c'est-à-dire qu'elles ne soient ni trop carrées ni trop épaisses par leurs extrémités, mais pourvues cependant d'un corps suffisant pour qu'elles ayent de la consistance.

La verge du balancier doit avoir le corps bien droit, bien cylindrique, et être de grosseur proportionnée. Ses pivots doivent être un peu fins et durs ; leur longueur doit être de cinq douzièmes de ligne environ, et ils doivent être tournés au burin, roulés à la lime, et ensuite au brunissoir, bien cylindriquement ; leurs bouts parfaitement arrondis et brunis, sans qu'il leur reste la moindre bavure qui les ferait gratter. Les palettes de cette

19

verge doivent être parfaitement égales de largeur ;
leur proportion est la sixième partie du diamètre
de la roue de rencontre. Cette verge doit être
parfaitement polie et bien rivée à son balancier.

Cette roue et cette verge doivent être faites ainsi
et bien ajustées en cage, c'est-à-dire que la roue
de rencontre doit être diamétralement placée vis-
à-vis le centre du corps de la verge, et les pointes
des dents de cette roue rapprochées le plus possible du corps de cette pièce, sans cependant y
toucher, pour qu'elles puissent engrener le plus
profondément possible dans les palettes de cette
verge ; autrement les chutes des dents de la roue seraient trop fortes et détruiraient l'échappement.

Pour ajuster convenablement cette roue de rencontre à sa verge de balancier, vous tenez cette
dernière parfaitement renversée en cage, au moyen
d'un petit morceau de papier que vous passez
entre le coq et le balancier, qui maintient ce dernier en cet état, pour savoir si les pointes des
dents de la roue de rencontre passent assez près
du corps de cette verge. Cela fait, vous retirez
le papier, afin de vous assurer s'il n'y a pas
d'accrochemens ; s'il s'en trouve, vous diminuez
également et peu à peu les deux palettes, jusqu'à
ce que la roue de rencontre passe sans accrochemens ; ensuite vous tâtez les chutes de votre

échappement, comme il suit, afin de vous assurer s'il est rendu à sa perfection.

Comme le bec du lardon de potence doit être tenu assez épais, dans le cas que l'échappement ait besoin d'être un peu rapproché, vous faites en limant un peu et bien plat le dessus du bec de votre lardon, et vous voyez ensuite si l'échappement est convenable.

Le moyen de tâter les chutes de votre échappement, c'est de tenir avec les trois premiers doigts et le pouce de la main gauche, votre petite platine sur laquelle sont placées les pièces qui composent cet échappement ; c'est aussi avec un de ces doigts placé sur le pignon de la roue de rencontre qui sert à appuyer cette roue, que vous la faites tourner contre la verge du balancier, afin que les pointes des dents échappent, sans s'accrocher au bord des palettes. Alors, de la main droite vous tiendrez une cheville de bois de fusain, dont vous appliquerez un bout sur le balancier, près la goupille de renversement, qui pour cet effet doit être en repos. Par ce moyen vous appréciez l'étendue et la force des chutes de l'échappement, et par suite vous voyez s'il est bon ou s'il est trop faible ; ou bien, s'il accroche, c'est qu'il est trop fort, défaut essentiel à corriger.

Pour connaître l'étendue des chutes de cet échappement ainsi touché avec la cheville de bois, il faut remarquer l'endroit du bord du coq où la goupille de renversement s'est arrêtée lorsque le balancier s'est mis de lui-même en repos ; elle doit nécessairement se trouver au milieu des oreilles du coq ; vous y faites une petite marque ; alors vous appuyez la cheville à peu de distance de la goupille de renversement, sur le bord du balancier ; et avec un doigt de la main gauche qui tient la petite platine, vous agitez la roue de rencontre, en faisant tourner ses pivots dans leurs trous, pour faire passer doucement l'une après l'autre les dents de cette roue dans les palettes de la verge du balancier, ayant soin d'arrêter le balancier sitôt que l'on a senti au bout du doigt que la dent de la roue a échappé du bord de la palette de la verge, et à combien de distance de la marque faite au bord du coq. Ces observations se font l'une après l'autre, sur les deux palettes ainsi mises en action par le même procédé. Cela sert à vous indiquer si l'échappement est bon et sans accrochemens ; les chutes devant en ce cas éloigner la goupille de renversement de deux bonnes lignes de chaque côté de son point de départ ; ce qui lui fera décrire de belles vibrations, et rendra la montre susceptible de se maintenir réglée.

Si, après avoir rapproché la roue de rencontre du corps de la verge du balancier, les chutes en les tâtant ne faisaient pas sans accrochemens parcourir à la goupille de renversement environ deux lignes de distance de chaque côté de son point de départ; ce serait une preuve que la verge du balancier serait trop ouverte, ou que ses palettes seraient trop étroites; et dans l'un ou l'autre cas, elle serait mauvaise; ce qui donnerait à l'ouvrier l'appliquant et fragile travail de l'ouvrir convenablement. Cela s'opère en entaillant seulement le corps de cette verge vis-à-vis la longueur de ses palettes.

Pour reconnaître si la verge du balancier est ouverte convenablement, il faut que sa grande palette soit diamétralement fixée vis-à-vis la barrette du balancier, au bout de laquelle est placée la goupille de renversement; et en cet état il faut que la petite palette du côté où elle est placée, soit diamétralement rentrée d'une ligne et demie ou de deux lignes au plus de l'extrémité extérieure de la barrette du balancier qui l'avoisine; et cela suivant la grandeur de ce dernier. Cette distance peut s'apprécier; elle ne se reconnaît qu'en fixant la petite palette et le rebord du balancier qui fait face au rebord de cette palette, et cela le plus diamétralement possible.

Il ne manquera plus à ce balancier, pour que son mouvement soit régulier, que de le mettre du poids qu'exige son moteur, et d'observer une égale pesanteur dans tous les points de sa circonférence, comme on va l'expliquer; ce qui doit s'opérer avant de fixer à son balancier sa virole de spirale, dont il sera traité par la suite.

Après avoir donné à ce balancier sa juste pesanteur, il faut considérer bien des choses.

Vous observerez que le balancier, pour cette rectification, a dû être tenu un peu plus pesant qu'il ne doit rester pour arriver à son juste poids. Lorsque le mouvement sera terminé, voici le moyen d'y parvenir.

Vous remonterez entièrement votre mouvement, dont vous goupillerez de suite les piliers; vous placerez la chaînette sur le barillet, que vous accrocherez ensuite à la fusée, et vous donnerez alors à votre ressort la bande qui lui sera nécessaire, comme il sera expliqué par la suite. Cela fait, vous placerez votre chaussée, le rouage de cadrature et le cadran dont vous goupillerez les pieds; ensuite vous poserez et fixerez la coulisse à la place qu'elle doit occuper sur la petite platine.

Ce mouvement ainsi remonté, vous placerez

votre balancier sans sa virole de spirale, sur le compas d'épaisseur; c'est-à-dire que vous mettrez le bout des pivots de la verge dans les points faits aux becs de ce compas, en sorte qu'ils y soient libres sans jeu; et en cet état, vous le ferez tourner doucement, afin de remarquer s'il est d'égale pesanteur sur toute la circonférence; s'il n'y est pas, vous remarquerez de quel côté il pèse le plus, afin d'en ôter par son dessous, c'est-à-dire du côté où est la verge, jusqu'à ce qu'il soit d'égale pesanteur sur toute sa circonférence. Cela obtenu, vous le placerez dans la balance, pour en connaître le juste poids, qui provisoirement ne doit pas dépasser six grains ou six grains et demi, pour un mouvement du volume dont il s'agit; s'il pesait davantage, il faudrait le réduire à ce poids, avant de l'éprouver comme il suit.

Vous ferez, si d'avance il n'a pas été fait, un petit trou dans le milieu du cercle de votre balancier, vis-à-vis le bout de la barrette, en face de laquelle est diamétralement fixé le bord de la la grande palette de la verge; vous y introduirez par le dessus de votre balancier, une goupille très-menue et bien ronde, qui le traversera à frottement par-dessous, de la longueur d'une bonne demi-ligne, et elle ne dépassera pas le dessus du balancier, position qui lui est nécessaire ; alors vous placerez votre balancier en cage ; et serrerez les vis du coq ; ensuite vous remarquerez si la verge y est libre ; ce qui étant reconnu , vous ferez monter la chaînette sur là fusée , à moitié de ses filets , au moyen d'une clef convenable , pour faire marcher votre mouvement.

Après ce travail , vous placerez votre aiguille des minutes sur le carré de la chaussée ; vous fixerez l'extrémité de cette aiguille juste sur le point de soixante minutes du cadran ; alors vous remarquerez sur une autre montre ou pendule l'heure précise qu'elle marque , et laisserez ainsi marcher une demi-heure juste votre mouvement , afin de vous assurer si son régulateur est convenable à sa force motrice. Si dans cette demi-heure de marche , l'aiguille des minutes , sans s'être arrêtée , a parcouru sur son cadran de treize à treize minutes et demie au plus , c'est une preuve que le balancier est juste de pesanteur, ce qui est indispensable pour que ce mouvement puisse se maintenir réglé.

J'observe que pour obtenir ce résultat, il faut que chacun des mobiles qui composent ce mouvement , ait ses justes proportions.

Si un balancier est trop lourd ou trop léger ,

il donne lieu à de grandes variations. Pour les corriger, employez les moyens suivans.

Si l'aiguille des minutes, dans une demi-heure a parcouru plus de treize minutes et demie, le balancier est trop léger et occasionne des irrégularités qu'on ne peut corriger convenablement dans une montre neuve, qu'en y replaçant un balancier plus lourd.

En raccommodage, on recharge quelquefois les balanciers trop légers, avec de l'étain que l'on fait couler sur toute la circonférence de son cercle, qu'on met ensuite de poids convenable et d'égale pesanteur ; ce qui rend cette pièce qu'il faut recuire, désagréable, et par-là de mauvaise qualité.

On reconnaît que le balancier est trop lourd, lorsque le mouvement marche moins de vingt-six minutes dans une heure juste ; ce qui exige qu'il soit proportionnellement allégé sur sa circonférence intérieure. Les barrettes du balancier ont dû être tenues minces, pour que l'air leur fît moins d'impression ; mais cependant on doit leur conserver assez d'épaisseur pour qu'elles ne fléchissent pas lorsque l'on est obligé de faire tourner sur l'assiette de la verge la virole de spirale, qui doit toujours plaquer sur l'anneau centrique du balancier où est rivée la verge. Cet anneau doit avoir tout au plus deux lignes de diamètre, proportionnellement à ce mouvement qui est grand ; et cela afin que cette partie ne surcharge pas trop l'axe qui la porte, pour ne pas fatiguer le moteur et gêner la liberté du balancier.

Pour alléger ce balancier, vous remarquerez d'avance combien il marche moins de vingt-six minutes par heure, et vous le peserez ensuite, afin d'apprécier à peu près ce que vous devez en ôter pour le mettre à sa juste pesanteur ; observant qu'il vaut mieux ôter ce surplus de matière à deux ou trois fois, que d'en trop enlever.

Pour ce travail vous vous munissez d'une lime feuille de sauge demi-rude, avec laquelle vous diminuerez également tout autour de l'intérieur du dessous du cercle du balancier, afin qu'il ne pèse pas plus d'un côté que de l'autre ; ensuite vous vous servirez d'une autre lime feuille de sauge, plus douce, pour effacer les traits de la première, et avec laquelle vous tirerez de long, pour effacer ses traits et pour donner la facilité de passer par-dessus la ponce pulvérisée, détrempée d'huile, dont vous vous servirez avec un bois taillé convenablement ; ce qui préparera cette partie pour le poli ou le bruni.

Comme j'ai observé plus haut qu'il fallait peser

son balancier, afin de pouvoir le réduire à son juste poids, je crois devoir ici citer un exemple. Je suppose que mon balancier pèse sept grains, et que ce mouvement ne marche sans spirale que 18 à 19 minutes à l'heure; cela me donne la conviction qu'il est beaucoup trop lourd, et que je ne dois pas craindre d'en ôter un grain sur toute sa circonférence; ensuite j'essaye s'il marche 26 minutes à l'heure; alors j'ai réussi. Au contraire, s'il marche 23 ou 24 minutes à l'heure, j'en ôte par degré un quart de grain; ce qui le fait approcher du but, et rend la montre susceptible de se soutenir bien réglée.

Après avoir fait ces épreuves, il faut ajuster au balancier une virole de spirale, comme on va l'expliquer.

FABRICATION DE LA VIROLE DE SPIRALE.

La circonférence ou champ de l'assiette de la verge ayant dû être fabriquée cylindriquement dans toute sa hauteur, pour tenir à frottement sur elle-même la virole de spirale, vous la fabriquerez et ajusterez comme suit.

Vous couperez un morceau de cuivre de bonne

qualité et bien sain, de grandeur convenable, que vous forgerez d'épaisseur suffisante ; vous le percerez ensuite au centre un peu plus petit que n'est son assiette ; vous l'accroîtrez ensuite par degré et du même côté, jusqu'à ce qu'il commence à tenir sur le bord de son assiette ; ce qui étant obtenu, vous y introduirez du côté où est entré l'équarrissoir, un arbre-lice de grosseur convenable, et y ferez tenir votre pièce à frottement et immobile. Alors vous en arrondirez les angles à la lime, et monterez votre arbre ainsi pourvu sur le tour ; vous tournerez votre virole plate sur ses flancs, jusqu'à ce qu'elle ait acquis l'épaisseur de la hauteur de son assiette ; et vous la tournerez ensuite sur son champ, jusqu'à ce qu'elle ait la grandeur de l'anneau du centre du balancier : ce qui étant fait, vous creuserez en évasant la face de cette pièce qui est du côté du plus gros de l'arbre, ras ce dernier, pour faciliter son entrée sur l'assiette.

Alors, sur le centre du champ de cette virole, vous y marquerez un point que vous percerez obliquement tout au travers, avec un foret fin, sans attaquer le corps de l'arbre qui le supporte, pour qu'il vienne de l'autre bord se faire jour au centre du champ de cette pièce ; ce qui étant opéré, vous vous munirez d'une petite lime à égaliser ou à fendre, avec laquelle vous entaillerez en travers votre virole, qui pour cet effet doit être ôtée de dessus son arbre et réintroduite sur une cheville de bois ; et cela jusqu'à ce que vous arriviez au trou qui en est le centre ; bien entendu que cette entaille se fait du côté opposé où a été percé le petit trou qui doit contenir le bout centrique de la spirale.

Il ne reste plus à cette virole que de dresser plate sa face extérieure, et ensuite à l'adoucir à la pierre à eau, et à la brunir plate ; ce qui termine cette pièce et la rend prête à la mettre en place. Vous la placerez de suite, afin d'y ajuster une spirale, comme il va être expliqué ci-après, ainsi que la manière de la choisir.

Le ressort spiral qui est en acier revenu bleu, est fait en petit comme le grand ressort d'une montre, lorsqu'il est déployé, à l'exception qu'il est sans yeux à ses extrémités, et que ses lames ne sont pas plus larges qu'un léger trait de plume ; un peu plus faible et plus étroit à l'extrémité de son centre qu'à son extrémité extérieure. C'est cette pièce que bien des personnes ont souvent prise pour un brin de crin ou de cheveu qu'ils croyent s'être introduit et entortillé autour du balancier.

Cette pièce, l'une des plus belles inventions de l'art et aussi l'une des plus utiles, se place ordinairement entre la platine et le balancier, tenant par son centre à la virole, fixée à frottement sur l'assiette, au moyen du petit trou dont nous avons parlé et d'une petite goupille.

Mais avant de fixer une spirale quelconque, il faut s'assurer si elle est de grandeur et de force convenables; et pour y parvenir, il faut en avoir un certain assortiment de diverses forces et grandeurs, parce que ce ne sont pas les fabricans de mouvemens qui font ces pièces.

Pour ajuster cette spirale, vous sortirez votre balancier de cage et le placerez renversé sans dessus dessous, sur le papier de votre établi. Alors vous choisirez dans l'une de vos cartes spirales la grandeur de celles qui ont le diamètre d'environ les deux tiers de l'intérieur des deux bouts de votre coulisse; et avec une précelle appelée brucelle, vous en choisirez une que vous tiendrez par le bout extérieur, et accrocherez le bord de la petite palette de cette verge posée sur votre papier, l'axe en l'air; vous l'accrocherez dans la plus petite lame qui est au centre de la spirale. Si le poids du balancier fait prendre à votre spirale la forme d'une canne trop allongée, c'est qu'elle est trop faible; il faut en choisir une autre; si elle ne représente qu'une faible concavité, elle est trop forte; mais si la concavité est plus profonde que son diamètre n'est large, on peut essayer de l'y ajuster.

Vous fixerez la spirale à sa virole, lorsque cette dernière sera placée sur l'assiette de la verge, et de façon que quand le balancier sera en place, le bout extérieur de la spirale se trouve placé du côté intérieur du bout de la coulisse, qui est celui où est placé le pivot de l'axe du barillet à la petite platine. C'est à une ligne intérieure de ce bout de la coulisse que doit être fait à la petite platine un trou qui doit contenir à frottement serré le pied ou pivot d'une petite pièce nommée plot ou piton de spirale, qui est en cuivre; elle a la forme d'un petit carré-long, percé dans toute sa longueur, qui doit être de deux tiers de ligne sur une demi-ligne de largeur et de hauteur. C'est dans le trou de cette pièce suffisamment accru, que doit s'introduire librement le bout excentrique de spirale, qui doit un peu déborder son piton lorsqu'il est fixé à sa platine, et être contenu par une goupille de pression, qui le serre de telle sorte que la spirale puisse y être maintenue droite et n'occuper que le juste milieu du vide qui se trouve entre le dessus de la petite platine et le dessous du balancier.

En assujétissant cette spirale à sa virole, il faudra faire attention qu'elle y soit fixée bien droite sur toute sa circonférence et à pareille distance des barrettes du balancier; vous observerez aussi que la lame qui approche le plus sa virole n'y touche par aucun autre endroit que celui où elle est fixée, vu que cela donnerait une force nuisible à ses fonctions.

Mais avant de faire à votre petite platine le trou qui doit contenir le piton de spirale, il faut que cette spirale contenue en-place par sa virole, soit bien au centre de son balancier; ensuite vous la mettrez en place sur sa petite platine, à laquelle vous marquerez, par ce moyen, la juste place de son piton, afin de ne pas décentrer la spirale. Mais avant de le marquer, vous observerez que ses spires en cette position soient toutes à leur distance naturelle; ce qui, autrement, lui occasionnerait une force inconvenante et nuisible. Il faut observer aussi qu'elles doivent dans cette position être à égale distance de la circonférence intérieure de la coulisse. Ces observations préliminaires faites, où doit être placé votre piton, vous marquerez cette place, pour la percer ensuite, comme il va être expliqué ci-après.

Vous leverez votre petite platine, après en avoir retiré le balancier, et vous percerez ensuite le trou marqué pour le piton, le plus droit possible, et vous acheverez de dresser ce trou avec un équarrissoir du côté du dedans de la platine, pour que le piton qui y sera introduit ne soit pas susceptible de sortir facilement du côté où il est entré; observant de ne l'accroître que pour le dresser et l'unir, vu

que ce trou ne doit avoir au plus qu'un quart de
ligne de diamètre, afin que le piton y soit plaquant et bien assujetti par un fort frottement.

FABRICATION DU PITON OU PLOT

DE LA SPIRALE.

Après avoir ajusté ainsi ce trou, il faut s'occuper du piton et l'ajuster ensuite : pour ce travail
vous préparez une tige de cuivre dur, longue d'un
bon pouce et demi, ayant provisoirement une ligne
de diamètre, les deux bouts cubes, avec un point
profond bien centré; cette tige sera surmontée
d'un petit cuivrot placé sur le bout d'une de ses
extrémités. Alors, ainsi préparée, vous la monterez
sur le tour, pour tourner cylindriquement le pied
ou pivot du piton, jusqu'à ce qu'il commence à entrer dans le trou de la platine ; en observant de
tenir sa partie plate, afin que cette pièce puisse y
bien plaquer à frottement ; ce que vous acheverez
d'obtenir, en accroissant un peu le trou ; car il
est nécessaire d'y ajuster ce pied, pour avoir ensuite l'aisance de prendre la hauteur du corps de
cette pièce, laquelle est celle de la coulisse, afin
que ce piton ne puisse toucher aux barrettes du

20

balancier ; ce qui serait une cause d'arrêt qu'il faut éviter.

Le corps de cette pièce ainsi mise de hauteur sur le tour et bien plate sur son dessus, vous le limerez carré, un peu long sur ses côtés et au milieu de l'une de ses faces les plus étroites. Vous y marquerez un point, afin de percer le trou le plus droit et le plus centré possible ; et d'un diamètre suffisant pour que la lame de spirale, qui doit y entrer librement seulement, n'éprouve aucune difficulté ; ce qui étant ainsi fait et observé, vous brunirez ainsi votre piton sur ses quatre faces, et vous achèverez de couper le jet où tient son dessus, pour achever de le dresser plat et le brunir en place ; ce qui termine sa fabrication, le rendant prêt à recevoir sa lame de spirale et sa goupille de pression.

Ce travail étant terminé, vous vous occuperez d'y fixer la spirale comme il a été précédemment expliqué.

Cette spirale ainsi placée et le râteau mis en place, la première de se spièces vous indique l'endroit où doivent être fixées l'entaille ou les goupilles de la barrette du râteau ; ce que vous ferez pour que la spirale puisse fonctionner convenablement.

Cette entaille formée en cet endroit, doit être suffisamment large et profonde, pour que la lame

de spirale puisse y vibrer librement, et cependant
en ce cas, être susceptible de battre aux deux
côtés de l'entaille ou des goupilles ; ce qui rend cette
spirale sensible, lorsque le râteau la rallonge ou la
raccourcit, quand ce râteau est mis en mouvement
par le cadran d'avance et de retard.

MOYENS DONT IL FAUT SE SERVIR

POUR METTRE UNE MONTRE D'ÉCHAPPEMENT.

Ce balancier, ainsi pourvu de tout ce qui lui
est nécessaire, vous le placerez convenablement
libre en cage, afin de reconnaître s'il y est bien
d'échappement. Pour obtenir ce résultat, vous
opérerez comme il suit.

Vous appuierez doucement le bout du pouce
sur le champ de la roue qui porte ce nom, jusqu'à ce que le balancier s'arrête de lui-même ;
alors vous remarquerez où s'est arrêtée la goupille
de renversement ; cette remarque faite en aperçu ,
vous pousserez doucement la roue de champ du
côté droit, pour qu'elle fasse échapper une dent
seulement de la roue de rencontre dans l'une des
palettes de la verge du balancier ; et dans cet instant, vous remarquerez de combien la goupille

de renversement s'est éloignée de son point de
départ, avant de revenir d'elle-même. Cette remarque faite et la verge remise en repos, vous
ferez passer encore une autre dent de cette dernière, qui nécessairement doit faire mouvoir l'autre
palette de la verge, quoique dans le sens opposé
à la précédente chute, qui par cette action, vous
donne la facilité de reconnaître si la goupille de
renversement qui tient au balancier, a parcouru
de ce côté opposé à la première chute, la même
distance du point de départ ; si cela est ainsi,
c'est une preuve que ce mouvement est bien d'é-
chappement ; mais si cette distance est inégale, c'est
une preuve que ce défaut a besoin d'être corrigé.

Pour corriger ce défaut, vous reconnaîtrez quelle
est la chute la plus longue : si c'est du côté droit,
c'est le côté de la grande palette ; si c'est du côté
gauche, c'est le côté de la petite palette. Le moyen
de rectifier ce vice, s'obtient par la virole de
spirale ; mais avant il faut s'assurer s'il y a peu
ou beaucoup, afin d'agir en conséquence.

Ce défaut se corrige comme il suit ; savoir :
si c'est du côté droit, qui est celui de la grande
palette, que la chute est la plus longue, vous ôterez
votre balancier de sa cage, vous tiendrez entre le
bout des doigts de la main gauche la verge perpendiculairement en l'air, et de la main droite

vous saisirez un petit tourne-vis que vous introduirez dans l'entaille de la virole de spirale, en
faisant bien attention à ne pas fausser ce der
nier et à ne pas casser la verge. Cet outil ainsi
placé et bien soutenu de la main droite qui le
dirige, vous ferez tourner cette virole de droit
à gauche, sur l'assiette de la verge sur laquelle
elle est placée à frottement, et cela proportionnellement à ce que la chute est plus ou moins
forte sur la grande palette qui est le côté droit,
ce qui diffère du côté gauche, qui est celui de la
petite platine. L'opération de ce travail se reconnaît
facilement à l'œil, d'après la remarque précédemment faite de la différence du plus grand éloi-
gnement de la chute droite que de la chute gauche.
C'est pourquoi, en faisant tourner, comme je l'ai
dit plus haut, la virole de spirale, vous remarquerez le piton de spirale qui tient à l'extrémité
de cette dernière, afin de reconnaître, en tournant
la virole, si ce piton s'éloigne assez de la barrette du balancier dont il est proche ; et cela afin
de réduire cette trop longue chute ; cela fait, vous
replacerez en cage votre balancier, afin de rectifier si vous êtes parvenu à le mettre bien d'échappement, ou vous recommencerez, jusqu'à ce qu'il
y arrive parfaitement.

Lorsque vous aurez corrigé ce défaut, vous ferez

marcher votre mouvement, afin de reconnaître s'il
n'y excite pas des battemens ou des renversemens :
si l'un ou l'autre, ou ces deux défauts, ont lieu,
vous vous appliquerez à les corriger comme il suit.

Les battemens proviennent, soit d'un ressort
trop fort ou de ce que les bouts de la coulisse
sont trop longs, ou que la goupille de renversement n'occupe pas le milieu du vide circonférent qu'il y a sous le coq, entre les bouts de
la coulisse et le bord de la platine, du côté de
cette goupille. Ce défaut provient aussi d'une verge
trop fermée, qui précipite ses vibrations par ce
défaut, lequel vous indique lui-même, ainsi que
les autres, les moyens de les corriger, soit en
raccourcissant les bouts de la coulisse, si elle bat
des deux côtés, ou en replaçant la goupille de
renversement plus éloignée du côté où elle bat,
au cas qu'elle ne batte que d'un côté, surtout si,
d'après un mûr examen, vous vous êtes convaincu
que cela en est la vraie cause ; et que ce moyen
de rectification puisse être suffisant ; ou bien de
r'ouvrir la verge convenablement, par les procédés que j'indique ci-après, si vous en reconnaissez l'urgence ; ce qui parviendra à corriger ce
grand défaut.

Plusieurs causes donnent lieu au renversement.
Premièrement, si les bouts sont trop courts, c'est

d'en refaire une autre, parce qu'il serait ridicule
de réparer ce défaut, en plaçant deux goupilles de
renversement au balancier d'une montre neuve ; ce
qui ne se fait que dans le raccommodage, pour éviter des frais aux personnes. Deuxièmement, la cause
peut provenir d'une goupille de renversement trop
longue ou trop courte. Dans le premier cas, elle
peut toucher la platine ou porter sur le râteau ;
si elle est trop courte, elle peut passer sur la coulisse et s'y arrêter ; dans l'un ou l'autre cas, il
faut en placer une autre. Troisièmement, si c'est
par le trop de jeu de la roue de rencontre, ce
défaut se corrige en desserrant la vis de rappel
de la contre-potence, observant en même temps
d'appuyer sur cette dernière pièce, afin de la rapprocher convenablement du fond de son entaille.
Quatrièmement, si ce défaut provient d'une verge
de balancier trop fermée, ce vice dans une montre
neuve exige que cette pièce soit remplacée, parce
qu'il est très-inconvenant de corriger ce défaut,
en entaillant de nouveau ses palettes, ce qui les
rend très-difformes.

Mais comme l'intérêt des personnes, dans le
cas des raccommodages, exige quelquefois cette
sorte de réparation, il est indispensable à l'ouvrier
de connaître la manière de la faire, soit pour
les verges trop fermées, soit pour les verges trop

ouvertes, ainsi que pour celles qui sont piquées, c'est-à-dire gravées par la mauvaise qualité de la matière de la roue de rencontre, dont les meilleures sont en or, à un certain titre, et dont on fait fort peu d'usage, en raison de la cherté de ce métal.

Pour entailler les verges décrites ci-dessus, vous affûterez bien plat un petit fer à adoucir, qui sera un peu plus étroit que n'est la palette de la verge que l'on veut entailler. Alors, de la main gauche, vous appliquerez bien plate sur le bois à limer ou sur un bouchon de liége tenant à l'étau, la palette de cette verge de balancier que vous voulez entailler ; ensuite, de la main droite vous tiendrez le fer à adoucir que vous aurez eu besoin de garnir avec de la pierre à huile détrempée, et vous frotterez en travers le dedans de votre palette, sans déborder ses côtés ; vous ferez cette entaille la plus plate possible, en observant, si c'est pour l'ouvrir, d'appuyer le fer, afin de faire prendre la pierre à l'huile un peu plus sur le bord qui est en avant de la palette, que sur le corps de cette palette, jusqu'à ce qu'enfin le corps et la palette arrivent de niveau. Cela obtenu, vous polirez aussi bien plat l'intérieur de cette entaille, afin que la denture de la roue de rencontre y passe avec plus de facilité ; alors, si cette verge ne se trouve pas encore assez ouverte, vous ferez le même travail sur l'autre palette, ce qui parviendra à la faire arriver au degré d'ouverture que les proportions de cette pièce exigent.

Je fais observer ici qu'on peut ouvrir ou fermer ces sortes de verges, en les chauffant au centre du corps et les torsant ensuite ; mais ce moyen les rend de mauvaise qualité ; c'est pourquoi je ne conseille pas de l'employer.

Pour fermer les verges trop ouvertes, vous entaillerez leurs palettes plus du côté du corps que du côté du bord de la palette qui lui est opposé; et cela par les mêmes procédés que pour l'ouvrir, lesquels vous emploierez aussi pour la dépiquer, en maintenant son degré d'ouverture, s'il est convenable : alors, au moyen de ce travail, vous aurez la facilité de faire un bon échappement, quoique avec une telle verge.

Maintenant revenons à notre mouvement qu'il ne faut plus que repasser au moyen des petits soins, sans lesquels les montres les mieux faites ne seraient pas susceptibles de bien marcher.

MANIÈRE DE DÉMONTER LES MONTRES
AVEC LES PRINCIPES DE L'ART.

Ce repassage se fait en démontant le mouvement en entier, et en examinant ensuite si chacune de ses pièces séparément fonctionnent convenablement, comme il va être expliqué ci-après.

Vous tiendrez votre mouvement par les bords de ses platines, en observant de ne pas toucher la roue de champ, qui quelquefois saillit hors de la cage, afin d'éviter de la fausser, ainsi que les dents de la roue de rencontre, ou de casser leurs pivots. Alors, avec la lame d'un canif, vous souleverez doucement et tout autour le dessous de la plaque de l'aiguille des minutes, afin de la contraindre à sortir du carré de chaussée qui la porte, en faisant grande attention à ne pas fausser la tige du pignon du centre, sur laquelle la chaussée tient à frottement.

Vous userez du même moyen pour sortir l'aiguille des heures du canon de la roue de ce nom, qui la porte, en observant d'avoir grand soin de ne pas offenser le cadran. Par ces précautions vous éviterez de casser ou de fausser les aiguilles, ce dont il faut bien se garder.

Alors, si votre chaînette est montée sur la fusée, vous introduirez au travers des barrettes de la roue de champ, une longue et mince goupille ou un bout d'équarrissoir à pivot, dont un bout portera en travers sur l'intérieur de votre grande platine, et l'autre bout arc-boutera au rebord de la petite et du pilier qui en est voisin, ce qui l'empêchera de marcher; mais il faudra faire attention à ne pas heurter l'équarrissoir, afin de ne rien fausser.

Cette précaution prise et le rouage ainsi arrêté, vous détournerez les vis du coq, que vous leverez ensuite avec ses vis, sans le balancier, pour ne pas fausser la spirale. Cette pièce démontée, vous en ferez sortir les deux vis, crainte de les perdre, et les poserez sur un papier appliqué sur l'établi, et vous les couvrirez d'un verre, observant les mêmes précautions pour toutes les autres pièces.

Le coq ainsi levé, au moyen d'une pincette, vous ôterez le piton qui tient la spirale, en faisant grande attention à ne pas la fausser, ce qui pourrait arrêter la montre. Cela fait, vous leverez et ferez sortir de place, avec les precelles, votre balancier garni de sa spirale et de ce qui en dépend, et poserez le tout sous verre; c'est alors que vous ferez sortir de dedans la roue de champ, la longue goupille ou le bout d'équarrissoir à pivot que vous y avez introduit, pour arrêter le rouage de ce mouvement que vous laisserez défiler jusqu'à la fin de sa chaîne, pour éviter quelque accident.

Pour lors vous desserrerez les vis de coulisse et de rosette dite *petit cadran*, et les mettrez en sûreté; ensuite vous sortirez les goupilles du cadran, que vous leverez pour le mettre aussi en sûreté, ainsi que la roue des heures et celle de renvoi; ce qui vous donnera la facilité de faire sortir la chaussée de dessus la longue tige; ensuite vous débanderez le grand ressort, en pinçant le carré de l'axe du barillet, dit *tambour*, pour faire sortir la masse ou cliquet qui engrène dans le rochet de barillet, en le détournant doucement, afin de ne pas décrocher le grand ressort; ce qui fausserait son centre et pourrait contribuer à le faire casser.

Cette opération faite, vous retirez votre rochet de barillet et le mettez en sûreté avec son cliquet et sa vis; vous ferez ensuite sortir les quatre goupilles des quatre piliers, afin de lever la petite platine qui porte dessus, que vous poserez doucement sur votre papier, crainte de fracturer les pièces qui y tiennent; et vous renverserez de même toutes les pièces de rouage qui couvrent la grande platine, dont vous décrocherez la chaînette que vous ployerez ensuite et mettrez en sûreté ; ainsi que tout ce qui compose le rouage.

Vous ôterez ensuite la vis qui tient la contre-potence, pour en faire sortir avec précaution la roue de rencontre, afin de ne pas fausser ses pivots ainsi que sa denture ; et vous couvrirez ces pièces d'un verre ; enfin vous démonterez la vis qui tient la potence sur la petite platine, afin d'en faire sortir cette pièce ; et votre mouvement se trouvera démonté.

DE L'ACHÈVEMENT EN BLANC,

APPELÉ REPASSAGE.

Vous examinerez si les vis qui tiennent les pièces à votre grande platine ne la débordent pas, parce qu'elles pourraient les gêner ; et si les têtes qu'elles approchent, ne dépassent pas leurs noyures.

Ceci observé, vous examinerez si le verrou et son ressort font bien leur jeu. Vous placerez ensuite le cadran, afin de vous assurer s'il ne gêne pas les pièces qu'il couvre ; ce que vous corrigerez de suite ; vous observerez aussi si la barrette et ses vis ne gênent pas le cadran qui doit plaquer tout autour du rebord de la platine. Vous placerez

seule votre roue de renvoi, que vous recouvrirez
de son cadran goupillé, afin de vous assurer si elle
a suffisamment de jeu pour être libre ; si elle n'en
avait pas assez, il faudrait la corriger, ainsi que
la trop grande longueur du canon, qui, s'il débordait la platine, pourrait gêner les barrettes de
la roue du centre, et occasionnerait un arrêt.

Ce travail terminé, vous essuierez vos deux platines et en approprierez les trous pour les repasser
l'un après l'autre, comme nous allons l'expliquer.

Vous placerez seule la roue du centre en cage,
et vous goupillerez les piliers, afin d'être certain
si elle a assez de jeu ; car, sans les goupilles on
peut facilement se tromper, surtout dans le cas où
il se trouverait un ou deux piliers plus courts que
les autres ; ce qui ferait croire que la roue aurait
du jeu, tandis qu'elle n'en aurait pas. La cage ainsi
goupillée, il faut remarquer si la portée de chaussée déborde convenablement, si les trous de ses
pivots sont bons ou s'ils sont trop grands, et si
elle est droite en cage, afin d'éviter à la roue les
causes d'arrêts suivans. Si cette roue dépasse sa
noyure, elle peut frotter : 1.° sous le fond du barillet, 2.° sous la roue de fusée, 3.° sur la plaque de
potence ; 4.° si elle touche le fond de sa noyure par
une portée trop basse ou par son champ mal dressé,
elle peut porter sur la petite roue moyenne, si cette

roue est noyée dans la grande platine ; 5.° si la
portée de sa chaussée est trop courte , ce qui est
un très-grand défaut, qui cependant est très-ordi-
naire ; 6.° si elle n'est pas ronde , elle occasionne
des défauts d'engrenage ; 7.° si elle est molle, c'est-
à-dire mal écrouie, ce qui accélère sa destruction ;
8.° son trop d'épaisseur, qui occasionne trop de
frottement dans son engrenage ; 9.° trop mince , ce
qui l'occasionne à se détruire promptement ; 10.° si
la portée de ses pivots est trop large , ce qui occasionne trop de frottement ; 11.° lorsqu'elle n'est
pas droite ou mal rivée sur son axe, ce qui est une
cause d'arrêt ; 12.° si son pignon est trop gros óu
trop plein ou trop petit, ce qui est un défaut d'engrenage : ce qui étant examiné et corrigé, la rend
convenablement en cage. Tels sont les défauts dont
cette pièce est susceptible, et qui indiquent eux-
mêmes à l'artiste les moyens de les corriger.

Cette pièce ajustée vous donne la facilité d'ajuster le rouage de la cadrature : pour cela vous placerez sur la tige de la roue du centre votre chaussée, après vous être assuré de ses proportions ,
afin de reconnaître si le dedans de son pignon ne
frotte pas sur la platine, ce qui viendrait d'une
portée trop basse de la tige du centre, destinée
à plaquer sur la chaussée; ce qu'il faut avoir
soin de corriger, au moyen d'une creusure plate

et assez profonde pour que la portée puisse la déborder de l'épaisseur d'une feuille de papier.

La creusure doit être assez large pour que les pointes des dents de la chaussée ne puissent toucher ses bords, afin qu'elle soit libre. Vous placerez ensuite votre roue de renvoi, afin d'examiner si son engrenage avec la chaussée est convenable ; ce que vous apercevrez facilement par la rentrée des dents de la roue dans le pignon de chaussée. S'il est trop fort ou trop faible, vous replanterez la roue dans un autre endroit, au moyen d'un trait que vous ferez avec le compas, pour le renforcer ou l'affaiblir.

C'est ici l'occasion de faire observer aux repasseurs et raccommodeurs les défauts qui se rencontrent dans les pignons des montres communes, qui sont souvent trop gros ou tournent mal sur leur axe ; défauts très-communs dans les pignons de chaussée. Ainsi, avant de repasser une montre, il est indispensable de s'assurer si ses pignons sont de grosseur convenable, pour ensuite les corriger.

Pour réduire les pignons à leur grosseur nécessaire, vous la prendrez sur la roue qui y engrène ; ensuite vous examinerez si c'est celle du pignon ; pour lors, s'il est trop gros, je le pose sur le bois à limer, placé à mon étau ; je le soutiens plaquant dessus dans toute sa longueur, le tenant par la roue qui le porte avec le bout de mes doigts ; et de l'autre main je me munis d'un bon burin, bien affûté plat sur sa face un peu allongée. Je coupe également le dessus de l'arrondi d'une de ses ailes sur la longueur, à peu près moitié de ce qu'il est trop gros ; alors, sur l'aile opposée, je fais la même opération, observant de la faire à plusieurs fois, pour ne pas trop la diminuer, et que par ce travail elle arrive au degré de grosseur nécessaire ; je fais la même opération sur toutes les autres ailes de ce pignon, ce qui les met de grosseur convenable ; évitant par ce travail de casser les pivots, ce qui pourrait arriver en se servant du tour. Il faut cependant l'y rectifier à la pointe du burin, afin de le mettre bien rond.

Mon pignon étant dans cette proportion, j'arrondis chacune de ses ailes avec l'angle du bout de la face de mon burin, faisant attention à ne pas offenser les ailes voisines ; je coupe dans leur longueur, le plus également possible de chaque côté, les deux angles d'une de ces ailes, jusqu'à ce qu'elles présentent trois faces égales en dessus, dont une inclinée à droite et l'autre à gauche ; alors j'efface les petits angles, ce qui me donne un bon arrondi. Je fais pareille opération à chacune des autres ailes

21

que j'adoucis et polis ensuite ; ce qui rend le pignon susceptible de bonnes fonctions.

Ce même procédé peut s'employer pour les pignons trop pleins, en réduisant le flanc de leurs ailes.

C'est alors que la chaussée de grosseur et que la roue de renvoi fonctionnant convenablement, il faut s'occuper de la roue des heures.

Vous placerez votre roue des heures sur le canon de chaussée, afin d'examiner son engrenage ; s'il est trop faible, il faut refaire la roue ; s'il est un peu trop fort, il faut mettre la roue sur le tour, pour raccourcir la pointe de ses dents de ce que vous jugez qu'elles ont de trop seulement, et ensuite les arrondir pour en obtenir un bon engrenage ; ce qu'il faut reconnaître, pour s'assurer si elle entre assez avant dans le pignon de la roue de renvoi, pour qu'elle n'en puisse sortir malgré son jeu nécessaire, qui doit être de l'épaisseur d'une carte. Vous examinerez aussi si le trou du centre du cadran est assez large, sans l'être trop, pour que le canon de l'aiguille des heures ne puisse frotter contre, ce qui ferait un arrêt. Vous examinerez aussi si le canon se trouve bien au centre de son trou, pour éviter le même défaut ; il ne vous restera plus qu'à faire une petite incision à

la tige du centre, au petit bout qui doit déborder
le canon de chaussée d'une demi-ligne ras ce dernier canon, où doit être marqué à la tige le point
qui doit ensuite être percé diamétralement, pour
contenir une petite goupille qui empêchera la chaussée de remonter sur sa tige; ce qui occasionnerait
un frottement trop fort à la roue des heures, et
arrêterait le mouvement. Après cet examen, vous
devez avoir une bonne cadrature. .

Pour lors vous leverez votre cadran et vous
ôterez de place votre cadrature; vous dégoupillerez
ensuite votre cage, pour en sortir la roue du centre, et rattacherez par le moyen de sa vis la masse
du rochet de barillet à la place qu'elle doit occuper, afin de reconnaître si toutes les vis de cadrature ne débordent pas leurs trous en dedans de
la grande platine, afin qu'elles ne gênent pas les
mobiles dans leurs fonctions; ce qui étant reconnu
et corrigé, vous brunirez leurs têtes et les ferez
revenir bleues.

D'après ce travail, vous mettrez votre barillet en
cage, après avoir mis de l'huile au ressort, ce qu'il
ne faut jamais oublier dans les repassages. L'ayant
ainsi placé, vous verrez s'il y est droit, s'il n'est
pas susceptible de frotter en haut ou en bas, si
ses jours sont suffisans pour le garantir de ces
défauts, si le bout de son carré n'empêche pas

le cadran de plaquer; ensuite vous vous assurerez
si le jour entre lui et le pilier qui en est proche, et
entre le derrière de la potence, est suffisant pour
ne pas gêner le passage de la chaînette, ce qui
peut éviter un arrêt; ensuite vous examinerez si le
trou du crochet de chaînette est convenablement
fixé, pour vous assurer, lorsqu'elle y est accro-
chée, si elle plaque bien le long du bord du barillet nommé *garde-chaîne*, afin qu'elle ne puisse
trevaucher sur cette pièce, ce qui est une grande
cause d'arrêt qu'il faut corriger; enfin vous observerez si le barillet ne passe pas trop près du
pignon du centre ou des pointes des dents de la
roue de fusée; ces défauts indiquant eux-mêmes la
manière de les corriger, sans diminuer ces mobiles.

Ce travail étant fait au barillet, vous le sortirez
de la cage et banderez le ressort, afin de vous assurer s'il accroche des deux bouts et combien il
fait de tours, afin de s'en rappeler lorsque le
mouvement sera remonté, pour les comparer à
ceux de la chaîne, lorsqu'elle sera placée sur cette
pièce, pour lui donner la bande d'après les proportions ci-après indiquées.

C'est présentement du repassage de la fusée dont
il faut s'occuper, afin de reconnaître les défauts
qui pourraient y exister.

Vous examinerez si la goutte de fusée n'est pas trop serrée, si elle l'est suffisamment ou si elle n'est pas trop pleine dans sa creusure, et si elle tient convenablement sa roue plaquée contre la fusée ; si le rochet, le cliquet et le ressort d'encliquetage fonctionnent comme il faut ; ou si une de ces pièces n'empêche pas la roue de plaquer, et si dans leur ensemble elles n'éprouvent ou n'occasionnent pas de trop forts frottemens, ainsi que le bord de la fusée sur la roue, et si le bout de la vis de crochet ou de l'arc-boutant de guide-chaîne ne déborde pas de façon à porter sur la goutte intérieure de la roue de fusée.

D'après ces considérations, s'il existait quelques-uns de ces défauts, ils vous indiquent eux-mêmes les moyens de les corriger, ce que vous ferez de suite, et vous nettoierez la roue et la fusée ; et et au bord du dedans de cette dernière, vous mettrez un peu de suif, afin que lorsqu'elle sera plaquée à sa roue et serrée convenablement avec sa goutte, elle puisse aussi tourner avec douceur, lorsqu'on remontera la chaînette dessus.

Ce travail étant terminé, et la fusée remontée de toutes ses pièces, vous reconnaîtrez si la tête de la vis du crochet ne déborde pas sa noyure, ce qui ferait un frottement contre la platine, qu'il faut aussi corriger, ainsi que le bout de la vis du pont de fusée et de ses pieds, s'ils débordent.

Vous examinez ensuite si le pont est bien ajusté, si ses pieds ne vacillent pas, et si la vis tient bien serrée et plaquante; c'est alors que vous remettrez la fusée en cage, afin de reconnaître l'état des trous de ses pivots, et si elle y est droite ou de quel côté elle penche et de quel côté il convient de la redresser; dans ce cas vous consulterez son engrenage, en mettant la roue du centre en cage, pour vous en assurer; vous reconnaîtrez par-là si la fusée a suffisamment de jeu, si elle est libre, si ses jours sont bons; et dans le cas contraire, vous y remédierez ainsi que pour tous les autres défauts de cette pièce.

Si ses jours sont trop faibles du côté de sa roue, vous la diminuerez un peu d'épaisseur, pour lui donner plus de jour, afin d'éviter le frottement sur la platine; vous adoucirez et polirez ensuite de nouveau cette roue : si le jour est trop faible par en haut, vous leverez la plaque de l'arc-boutant du guide-chaîne, dit crochet de fusée; et vous monterez la pièce sur le tour, garnie d'un arbre centrique, afin de centrer cette fusée sur le tour, pour la baisser de hauteur convenable, afin d'empêcher de toucher la petite platine, pour lui donner le jeu convenable. Vous la replacerez

en cage, pour vous en assurer. Alors vous examinerez si son engrenage est bon ou s'il est fort
ou trop faible, et si elle est droite ou de quel côté
elle penche, afin de corriger ensemble ces défauts,
s'ils existent.

Si elle penche à droite ou à gauche, avec une
fine lime queue de rat, vous reporterez un peu
du côté opposé un des trous des pieds du pont ;
et ensuite, avec un poinçon, vous pousserez la matière de la platine du côté que la pièce penche,
pour que le pied du pont porte plus de l'autre côté.

Dans la construction de la roue de fusée, on
a dû la tenir un peu plus grande que moins,
afin qu'avant de l'arrondir, on pût la diminuer,
pour arriver à son engrenage ; et ce n'est que
dans le raccommodage qu'on peut trouver ces
sortes d'engrenages trop faibles.

Pour ce vice de construction, le meilleur moyen
est de refaire la roue de grandeur convenable,
afin de ne rien gâter.

Lorsque la fusée sera mise droite et libre, et
ses jours ajustés, ainsi que son engrenage, vous
placerez avec elle le barillet qui aura été mis droit
en cage, afin de reconnaître si la denture de la
fusée ne le touche pas. Pour corriger ce défaut,
si c'est fort peu de chose, vous diminuerez un

peu l'épaisseur du champ du barillet que l'on ra-
doucit ensuite; mais s'il y avait beaucoup, il faudrait faire un autre barillet plus petit que le premier. Alors les trois premiers mobiles seront ajustés
et repassés. C'est maintenant du guide-chaîne et de
son ressort dont il faut s'occuper.

Vous mettrez la fusée en cage, garnie de son
crochet qui viendra arc-bouter au guide-chaîne,
ce qui aidera à reconnaître si ce dernier est de
longueur convenable ou s'il est trop court ou trop
long. Il est rarement trop court, mais souvent
trop long. S'il est trop court, il faut le refaire;
s'il est trop long, le rajuster de longueur convenable, pour que l'arc-boutant ou crochet de la
fusée s'y appuie carrément, pour qu'il ne puisse
se déjeter ni en dedans ni en dehors, et que le
bout soit suffisamment épais pour que le crochet
ou arc-boutant de fusée ne puisse couler ni en
dessus ni en dessous, et que le guide-chaîne soit
assez distant des filets de la fusée, pour qu'il
ne puisse venir y frotter, ce qui occasionnerait
un arrêt.

Il faut aussi que la tête du guide-chaîne entre
juste dans l'entaille de son plot, et n'y ait de jeu
que pour y être libre, afin qu'il ne puisse se déjeter, et que son ressort ne le soulève que ce qu'il
faut, pour que l'arc-boutant de la fusée puisse

librement passer en dessous du guide-chaîne. Ce
guide-chaîne ne doit avoir que l'épaisseur suffisante, afin de ne pas empêcher la fusée de se garnir
entièrement de sa chaînette, et n'arrête le remontage que lorsqu'elle est totalement garnie; moment
où le guide-chaîne doit fonctionner juste; car autrement il ferait casser la chaîne ou le grand ressort.

Ces pièces bien ajustées, notre travail renvoie
à celui de la petite roue moyenne, qu'il faut aussi
s'appliquer à bien ajuster.

Cette roue ainsi que celle de champ, supportée
par une grande barrette placée sous le cadran,
doit être droite en cage au centre de sa noyure,
afin de ne pas frotter à ses rebords, où dans
cette position elle doit se trouver à-peu-près à son
engrenage, si le calibre y a été bien tiré et le
rouage bien exécuté.

La place de cette roue est le milieu de l'espace
qui se trouve entre le dessous de la roue du centre
et la barrette; elle doit être également distante de
ces deux pièces, pour qu'elle ne puisse toucher ni
à l'une ni à l'autre, ce qui occasionnerait un arrêt.
Les trous de ses pivots doivent être bien ajustés,
c'est-à-dire qu'ils n'aient de jeu que pour y être
libres, ainsi que tous les autres pivots du rouage
et de l'échappement. Alors vous examinerez son en-

grenage avec la roue du centre, ainsi qu'avec celle du champ : si ce dernier est bon, et que celui du centre soit trop fort ou trop faible, vous les formerez de nouveau sur le compas d'engrenage, avec les trois roues ci-dessus dénommées, pour retracer celui de la petite roue moyenne, dont le trou a dû être rebouché à la barrette. Ce trou tracé et marqué de nouveau à la place qu'il doit occuper, vous le percez et l'ajustez à son pivot; ce qui forme à la fois l'engrenage de trois roues. Il ne reste plus qu'à les mettre droites en cage, si elles en ont besoin, en rebouchant leurs trous à la petite platine, pour les replanter à l'outil de ce nom, s'il en est nécessaire.

On aura soin d'observer; avant d'ajuster les engrenages, si les roues sont bien rondes par la pointe de leurs dents ou léviers, et à les y mettre s'il en est besoin, au moyen du tour et d'une petite lime douce, et arrondir ensuite celles des dents qui en auraient besoin, vu que l'on ne peut faire un bon engrenage avec une roue qui n'est pas ronde, ce qui toujours occasionne un arrêt.

Les trous des pivots, du côté des pignons, exigent plus de soins que ceux des tiges, parce que les pivots du côté des pignons supportent les efforts des roues qui les précèdent, ce qui les rend susceptibles d'être plutôt usés, et par-là occasionnent des défauts d'engrenage, ce qu'il est bon de connaître. Passons maintenant à la **roue de champ.**

Vous placerez le bout des pivots de la **roue** de champ, dans les points qui sont au bout **des** becs du compas d'épaisseur, afin de vous assurer si elle est d'égale pesanteur. Pour corriger ce défaut, dans le cas qu'il existe, c'est par l'inté-rieur de sa croisure que vous y parviendrez, **en** en ôtant avec la lime à la croisée la plus lourde; ensuite vous ferez attention si les pointes de ses dents sont d'égale hauteur; et dans le cas con-traire, vous frapperez sur sa rivure, pour les **y** mettre. Ce défaut corrigé, vous verrez si la **roue** est droite en cage; si les trous de ses pivots **sont** bons; dans le cas que ces défauts existent, **vous** les corrigerez. Alors vous placerez en cage la **roue** de rencontre, afin d'examiner l'engrenage de **son** pignon et la denture de la roue de champ, **pour** savoir s'il faut la rehausser ou la rebaisser; **ce** que vous ferez au moyen des trous de ses pivots, afin d'ajuster son engrenage et de lui donner **le** jeu convenable; ce qui rend cette roue capable de bien fonctionner. (*Voyez* Echappement, pour le placement et la perfection des pièces qui le com-posent: ce qui termine entièrement le repassage.**)**

Il ne reste plus qu'à examiner si les vis **des**

pièces de la petite platine sont bien ajustées, si elles ne débordent pas leurs trous et si elles ne font que les effleurer ; ce que vous remédierez au besoin. Vous réparerez les têtes des vis, vous les ferez revenir bleues ; en cet état, elles ne peuvent occasionner aux mobiles aucunes gênes ni aucuns frottemens, qui seraient des causes d'arrêts ; il faut toujours bien se garder d'y donner lieu, faute de ces petits soins qui contribuent beaucoup à faire marcher les montres.

Ce repassage terminé, vous nettoierez proprement et avec grand soin, séparément, toutes les pièces qui composent votre mouvement, avec une brosse douce, garnie de poussière d'os de mouton brûlés, avec laquelle vous frotterez ces pièces : mais si le poli était terne, il faudrait employer le feutre imbibé de rouge détrempé à l'esprit-de-vin, et rebrosser ensuite à sec, sans qu'il y reste la moindre poussière, s'il se peut ; ensuite vous passez les chevilles dans les trous des pivots, jusqu'à ce qu'elles en sortent proprement. C'est alors qu'on peut remonter le mouvement, comme il va être expliqué.

Ayant enseigné la manière de démonter un mouvement de montre, nous allons nous occuper à le remonter.

MOYENS

POUR PARVENIR A REMONTER UNE MONTRE PROPREMENT, LORSQU'ELLE A ÉTÉ BIEN NETTOYÉE.

Pour faciliter ce remontage, vous placerez votre platine à piliers sur une virole de cuivre ou de bois, de huit à dix lignes d'élévation, qui est placée par avance sur un papier blanc qui couvre votre établi sur lequel ont dû être posées toutes les pièces du mouvement, bien nettoyées et recouvertes d'un globe en verre, pour prévenir les accidens et pour les distinguer au besoin.

Votre platine à piliers placée, les piliers en l'air, c'est avec une precelle que vous mettrez en place chacun des mobiles, comme il va être expliqué, pour ne pas les ternir avec les doigts.

Cette platine ainsi placée, vous la découvrirez de son globe, et vous placerez sa petite roue moyenne dans sa noyure, ensuite la grande roue moyenne dans la sienne, puis le carré de la fusée dans son trou, le barillet par le carré de son axe dans le sien, après avoir compté les tours du grand ressort, et vous être assuré s'il accroche bien, afin de ne pas être obligé de la démonter, ce qui gâterait le nettoyage. Vous placerez ensuite dans son trou le pivot de la roue de champ qui est du côté du pignon, ce qui couvre de tous ses mobiles l'intérieur de cette grande platine ; le verrou, son ressort, sa vis et la barrette ayant été placés d'avance.

Alors, avec votre brucelle, vous placerez votre petite platine, le dedans en dessus, sur un linge fin, blanc de lessive, demi-usé, pour qu'il ne soit pas rude, afin de ne pas rayer les dorures, et pour qu'il ne donne pas de duvet ; vous placerez ce linge dans votre main gauche, pour que la droite y place les pièces qui doivent être fixées à la platine que vous tiendrez du bout des doigts, pour ne rien ternir.

Ayant ainsi placé votre platine, vous prendrez avec vos precelles la potence par la tête de la vis de sa plaque, le bec tourné du côté de la croisée où se plaque la roue de rencontre ; vous ferez entrer les pieds de la potence dans leurs trous, et vous placerez dans le sien la vis qui doit la tenir fixée à la petite platine, afin qu'elle ne puisse se déranger, en cas qu'il serait besoin de faire agir le lardon qui y est fixé.

C'est alors que vous placerez votre guide-chaîne et la goupille qui doit le tenir en place, qui sera fixée de manière à ce qu'elle ne puisse sortir et qu'elle ne puisse gêner le jeu du guide-chaîne qui y doit être libre ; vous y placerez ensuite son ressort et sa vis, vous assurant s'ils fonctionnent convenablement.

Ce travail fait, vous vous munirez d'un porte-huile qui est un petit outil que les horlogers se fabriquent eux-mêmes avec du laiton à goupille ; il peut avoir la longueur de trois pouces, et le petit bout se termine en cheville crochue du bout, qui sert à puiser de l'huile au besoin, pour en mettre aux pivots.

L'huile que l'on met aux montres est composée exprès ; et toute bonne qu'elle soit, elle peut se corrompre et se gommer au point de former un puissant arrêt aux montres dans le meilleur état. Nous sommes cependant souvent exposés à y être trompés, quoique nous ne regardions point au prix pour nous en procurer de bonne.

L'huile dont vous devez vous servir, doit être contenue dans un petit flacon bien bouché, crainte que la poussière, l'air ou le soleil ne la corrompent. Lorsque vous voudrez vous en servir, vous en verserez une goutte dans un petit verre de montre bien nettoyé, que vous couvrirez d'un globe, lorsque vous vous en serez servi ; cette huile doit être renouvelée tous les jours.

Revenons au remontage. Vous vous munirez d'un porte-huile avec lequel vous prendrez une très-petite goutte d'huile que vous introduirez dans le trou du bec de potence, par son ébiselure, qui est le côté par où entre le pivot de la verge du balancier ; et vous en mettrez au trou du bec de lardon, par son dessus qui est le côté où entre le pivot de la roue de rencontre. Vous ne mettrez d'huile que ce que les trous des petits pivots pourront en contenir, sans y comprendre l'ébiselure. Trop d'huile gomme un rouage, en s'introduisant dans les endroits où il ne doit pas y en avoir ; et, réunie à la poussière qui pénètre dans les montres, elle les rend susceptibles d'avancer et finit par les arrêter.

Ayant mis votre huile, vous poserez votre contre-potence, le pied dans son trou, la tête dans son entaille du rebord de la petite platine qu'elle doit occuper, et vous la tiendrez un peu entr'ouverte, avec un des doigts qui tient la petite platine, pour saisir de l'autre main, avec la precelle ou bru-celle, la roue de rencontre, et introduire le pivot de cette roue dans le trou du lardon de potence, et ensuite celui de la tige de son pignon dans le trou ébiselé de la contre-potence, que pour cet effet vous rapprochez du pivot ; alors, la sou-tenant ainsi fixée à sa platine, sans la déranger,

vous retournerez sans dessus dessous cette dernière, pour avoir l'aisance de placer la vis de
la contre-potence, et la tenir serrée, afin que
cette pièce ne puisse mouvoir que par l'action de
la vis de rappel, qui est la plus longue des deux
petites vis qui traversent la tête et la plaque de
cette pièce. C'est au moyen de cette vis de rappel,
que l'on augmente ou que l'on diminue le jeu
de la roue de rencontre, pour ne lui en laisser
que suffisamment pour qu'elle soit libre, vu que
le trop diminuerait l'échappement, et que le pas
assez la ferait arrêter. Le trop de jeu pourrait
détruire la denture de la roue de rencontre, par
les secousses que le rouage lui occasionnerait,
ce qui renverserait les palettes de la verge.

Cette roue placée, vous mettrez de l'huile à son
pivot de longue tige, et soufflerez légèrement la
roue, du côté de la petite croisée, afin de voir
si elle y est parfaitement libre, pour la corriger
dans le cas contraire, avant de remonter la petite
platine sur ses piliers.

Après cette observation, vous présenterez votre
petite platine, la roue de rencontre en dessous, sur
les piliers de la grande platine ; bien entendu que le
pont de fusée doit être tourné du côté du pivot qui
doit y entrer et s'y introduire, tant que les bouts
des quatre piliers sont dans chacun de leurs trous.

22

Votre main gauche garnie de votre linge blanc, saisira le mouvement, pour vous donner aisance de faire entrer dans leurs trous les pivots des autres mobiles; ce que vous faites de votre autre main, avec les precelles.

Ce travail fait, vous introduirez dans deux des piliers opposés, des goupilles provisoires, pour que les pivots ne puissent sortir de leurs trous, lorsque vous placerez les premières goupilles à demeure, dans les deux trous qui n'en ont pas; et vous vous assurerez si votre rouage est libre; s'il ne l'était pas, vous vous appliqueriez à en reconnaître la cause, afin de la corriger.

Les bonnes goupilles se font avec du laiton dur et de grosseur convenable; il faut qu'elles soient limées bien rondes, très-peu en cheville, pour bien garnir leurs trous dans toute leur longueur, qu'elles ne doivent dépasser que d'une demi-ligne de chaque côté, sans saillir hors des bords de la platine; et les deux bouts de chacune de ces goupilles doivent être arrondis et bien brunis, ainsi que le corps; ce qui les rend de bonne qualité et leur donne de la grâce.

Après avoir goupillé votre rouage, vous verrez s'il est bien libre; s'il ne l'était pas, vous vous appliqueriez à en reconnaître la cause, afin de la

corriger ; vous placerez ensuite votre mouvement
sur votre papier, la longue tige en l'air, pour avoir
l'aisance de mettre l'huile à son pivot, et y placer la chaussée qui doit y tenir à frottement, un
peu serrée : pour lors vous placerez votre rochet
de barillet sur son carré, et l'enfoncerez plaquant
à la platine ; vous fixerez après la masse ou cliquet
du rochet de barillet, et lui donnerez la liberté
convenable pour qu'il puisse faire son jeu ; vous
recouvrirez votre mouvement pour essuyer la chaînette, si elle n'a pas été nettoyée.

Alors vous reconnaîtrez celui des deux crochets
qui est destiné au barillet, qui doit avoir un jet
au bout qui le déborde, pour lui servir d'arc-
boutant, afin qu'il soit immobile, crainte qu'il ne
sorte de son trou. Vous placerez au barillet ce
crochet de chaîne dans le petit trou oblique qui
est sous le garde-chaîne du barillet, et vous appuierez le pouce dessus, pour le maintenir, ainsi
que la chaîne, quand on aura commencé à l'y
rouler, en prenant garde que les tours ne passent
pas les uns sur les autres : bien entendu que la
chaînette doit, en cet état, se prolonger vers le
milieu du pilier qui se trouve entre le barillet
et la fusée. C'est alors, qu'avec une pincette que
vous tiendrez de la main droite, vous pincerez
l'excédant du bout du carré du rochet de barillet,

afin de rouler la chaînette, jusqu'à ce qu'il n'en reste plus qu'un demi-pouce de long à rouler ; ensuite vous vous assurerez si le cliquet du rochet fait bien son jeu, afin de retenir la chaînette en cette position, avec le pouce, et vous l'attirerez d'un demi-pouce plus longue de ce bout, et la soutiendrez ainsi avec le pouce gauche, pour avoir aisance de la faire passer, avec vos precelles, entre le pilier qui en est proche, et la fusée, afin d'y fixer le crochet qui est au bout de la chaî-nette à l'entaille qui est au bord inférieur de la fusée, près de la roue ; cette entaille portant une goupille à son centre. Vous ferez passer la chaî-nette de manière à ce qu'elle puisse s'y accrocher ; ce que vous ferez avec la precelle ; et vous ôterez le pouce qui tient la chaînette au barillet, dont le ressort l'attirera à lui et la maintiendra sans qu'elle puisse tomber.

Cette opération vous fournit les moyens de don-ner au ressort la bande ou corps qu'il doit avoir, d'après le calcul suivant.

Je suppose que votre ressort, avant de le mettre en cage, faisait cinq tours et un quart ; je sup-pose maintenant que la chaînette sur votre barillet n'en fait que quatre, parce qu'il est de rigueur qu'elle en fasse moins que le ressort ; c'est donc cinq quarts de tours que le ressort fait de plus que la chaîne. (Il est reconnu par les règles de l'art, qu'il faut qu'un ressort fasse de trois à cinq quarts de tours plus que la chaîne, afin qu'il soit bandé d'un demi-tour de moins qu'il pourrait l'être, pour qu'il ne casse pas et afin qu'il tire plus également.) Comme la règle exige qu'on ne donne de bande que la moitié de ce surplus, c'est donc deux quarts et demi ou trois quarts au plus qu'il faut lui donner ; ce qui devient suffisant pour reconnaître si vous lui donnez la bande convenable ; c'est en pinçant le carré du barillet et en le tournant, que vous comptez les faces qui donnent chacune un quart de bande.

Comme je viens de l'observer, un ressort trop bandé peut casser, puisqu'il casse sans l'être ; il occasionne des irrégularités, parce qu'il tirerait plus au commencement qu'à la fin, tandis qu'il doit tirer également d'après la construction de sa fusée, s'il n'est bandé qu'autant qu'il le faut, ce dont il est nécessaire de bien s'assurer. Lorsque la chaînette arrivera à sa fin, si le ressort n'a pas assez de bande, la montre marchera deux ou trois heures de moins qu'elle n'aurait fait avec une bande convenable.

Arrivé à ce point, vous mettrez de l'huile aux pivots du côté de la cadrature, et vous placerez ensuite votre roue de renvoi, la roue de canon

ou des heures, le rosillon de carré de fusée,
et enfin votre cadran bien plaquant sur sa platine.
Vous verrez si la roue des heures a suffisamment
de jeu ; si elle en a trop, vous garnirez le dessus
du canon avec du papier ; ou si elle n'en a pas
assez, vous la placerez sur le tour, pour diminuer la portée de son canon ; et vous examinerez
si elle est libre sur le canon de chaussée, afin
de la corriger avant de goupiller le cadran ; ce
que vous faites, en ayant soin de ne pas gêner
les mobiles et les autres pièces de l'intérieur de
la cage. Si les goupilles étaient trop près du bord
de la cage, elles empêcheraient la montre de se
fermer ; ou si le mouvement se fermait, elles pourraient s'accrocher à la boîte, ce qui les ferait sortir
de leurs pieds et tomber dans le mouvement, ce
qui pourrait l'arrêter.

C'est alors que vous placerez la roue d'avance
et de retard, surmontée de son petit cadran et
de son aiguille, après en avoir serré les vis. Vous
placerez l'aiguille au milieu, et ensuite le râteau,
dont la barrette sera diamétralement placée avec
l'axe d'avance et de retard, la coulisse par-dessus,
que vous fixerez à demeure, au moyen de ses vis.
Alors vous vous assurerez si le râteau fait bien son
jeu et s'il n'est pas trop libre ou trop serré, ce que
vous corrigerez. Ce défaut vous indiquera le remède.

Ce travail étant terminé, vous examinerez s'il ne s'est point introduit dans le mouvement quelques corps étrangers qui pourraient nuire à sa marche; vous essuierez les bords des platines et les pièces saillantes, en cas qu'elles aient été ternies en remontant le mouvement, ce que vous ferez avant de mettre de l'huile aux pivots; alors vous vous assurerez si les bouts des pivots de la verge du balancier sont bien arrondis et s'ils ne grattent pas; ce qui occasionnerait un arrêt qu'il faudrait corriger avant de placer la verge en cage.

Après ce travail, vous verrez si votre spirale est bien dressée, si ses spires ne sont point faussées, afin de les redresser et les nettoyer, ainsi que la verge et son balancier. Ces pièces rappropriées, vous les placerez, savoir : la verge dans le trou de la potence, en traversant la petite croisée de la roue de rencontre, le piton de la spirale dans son trou et la première lame de la spirale, c'est-à-dire la plus excentrique entre et au centre de l'entaille ou des deux goupilles du râteau. Il y a des barrettes de râteau qui sont plates et qui portent deux goupilles pour maintenir la spirale; d'autres barrettes sont élevées et ont une entaille convenable pour contenir la lame de la spirale, sans que cette spirale touche le bord et le fond de son entaille, ainsi que la platine ou les barrettes du balancier ; c'est-à-dire qu'il occupe le centre de la distance qu'il y a entre la platine et le dessous du balancier, qui est du côté de la verge. Alors votre coq et le trou de son pivot ayant été bien nettoyés, vous y mettrez de l'huile ; vous le placerez et l'assujétirez ainsi que la vis du coqueret.

Cela terminé, vous verrez si la verge a son jeu nécessaire en cage, ou si elle en a trop ou pas assez ; si elle en a trop, vous rendrez un peu concave le dessus du coq, en frappant dessus ; si elle n'en a pas assez, vous le ferez sortir en le frappant en dedans ; ce que vous aurez soin de voir avant de remonter la chaîne sur la fusée.

Les causes de gêne du balancier sont quelquefois des pivots qui grattent ; des trous trop justes ; le manque de jeu du balancier ou de la roue de rencontre ; la spirale gênée ; une verge dessoudée ; la vis du coqueret débordant son trou ; le balancier mal rivé sur son axe : ses barrettes trop près des goupilles ; du râteau, si elles sont trop longues, ou du plot trop élevé ; le balancier frottant sur la coulisse ou sur le coq, ou touchant aux rebords intérieurs de ses oreilles ; ou des vis du coq, qui quelquefois débordent en dedans des oreilles ; ou la goupille de renversement trop longue, portant sur le râteau ; ou une spirale gênée dans l'entaille de son râteau, ce qui

la rend trop roide et gêne la liberté du balancier ; enfin si ce dernier frotte sur le bord de
l'avance et de retard qui cintre la coulisse. Telles
sont les causes qui pourraient gêner un balancier,
et qu'il faut s'appliquer à connaître, pour les corriger, avant de monter la chaînette sur la fusée.

Ces observations faites, c'est alors que vous
monterez doucement un demi-tour de la chaînette
sur la fusée, crainte de la faire trevaucher, afin
de vous assurer si le balancier vibre librement ;
ce que vous examinez avant de monter la montre
entièrement ; et vous verrez en même temps s'il
n'y a pas d'accrochemens ou de renversemens ;
ce qu'il faudra absolument corriger.

Après cela vous dirigerez votre chaînette sur
votre barillet, de manière qu'en la montant sur
la fusée, elle ne puisse sauter d'un filet dans l'autre, vu que cela l'empêcherait de marcher cinq
à six heures de moins qu'elle ne doit marcher,
et ferait trevaucher la chaînette sur le barillet,
dit *tambour*, et la ferait casser.

C'est alors que, le mouvement bien fait, bien
repassé, proprement nettoyé et remonté, avec les
petits soins qu'exige ce travail, il ne peut manquer
de se soutenir dans ses fonctions, et surtout si
la spirale est convenable et si le balancier est

bien placé d'échappement (terme d'horlogerie, qui exprime que les vibrations d'un balancier ou d'un pendule ne doivent pas être plus précipitées les unes que les autres, mais parfaitement bien régulières), ainsi qu'il a été expliqué.

Ce mouvement, quoiqu'avec de belles et régulières vibrations, peut avoir besoin d'être réglé ; ce qui ne peut s'obtenir que par le ressort spiral, qui, rallongé ou affaibli, retarde le mouvement.

Lorsque, pour régler le mouvement, vous aurez changé de place le bout de la spirale qui tient au piton ou plot, le balancier ne se trouvera plus d'échappement ; alors c'est par les moyens décrits ci-après, que vous parviendrez à lui donner cette régularité indispensable sans laquelle le mouvement s'arrêterait.

Par exemple, si votre mouvement retarde d'une heure dans vingt-quatre, il faut nécessairement trouver, par la spirale qui n'y est placée que pour cela, le moyen de corriger ce défaut, en le raccourcissant ; ce que vous faites en desserrant la goupille du piton, afin de prolonger ce qu'il faut le bout de la spirale, plus en dehors du plot ; et vous le remettez bien droit dans son piton. Mais après ce travail, le balancier ne sera plus d'échappement ; il faudra s'appliquer à le remettre comme il a été démontré.

Souvent, en province, on se trouve désassorti
de spiraux ; et quelquefois l'ouvrier a plutôt fait
de les affaiblir, quand il le faut, que de les changer, d'autant plus que cela ne fait pas de tort
aux montres, lorsque ce travail est fait convenablement. Les ouvriers employent diverses ma-
nières. Les uns les affaiblissent par l'eau-forte,
les autres par le marteau, d'autres par la pierre
à l'huile détrempée, mise sur une glace, sur
laquelle on place la spirale qu'on recouvre du plat
d'un bouchon de liége ; d'autres enfin, en ratis-
sant avec la face du burin le dos du bout extérieur de la lame de spirale, que l'on adoucit et
polit ensuite. C'est celle que j'ai adoptée comme la
plus commode, parce qu'elle produit dailleurs le
même effet ; et pour faire plus aisément ce travail,
je me suis construit un petit outil qui m'est fort
commode, et dont voici la description.

Il est fait en cuivre, préférablement à l'acier,
pour ne pas émousser la face du burin ; il est
long de quinze lignes, à peu près de la forme
d'une petite bigorne ; il porte un pied qui se place
à l'étau ; son dessus peut être large de cinq à six
lignes ; il est égal de largeur dans toute sa longueur, et dressé bien plat ; au bout d'une de ses
branches est une large vis plate en dessous, pour
presser au besoin, sous son bord, la lame de la

spirale que l'on veut diminuer suivant la longueur que l'on juge nécessaire.

Ma spirale longeant le dessus de l'outil avec la face du burin, je réduis l'épaisseur de sa lame de spirale dans la longueur que je crois convenable, laquelle doit déborder la vis.

Lorsque cette opération est faite, je la détache de l'outil et l'outil hors de l'étau, remettant à sa place un bouchon de liége bien plat sur ses extrémités, sur l'une desquelles je fais plaquer ma lame de spirale, dont je tiens le corps d'une main, et de l'autre un fer plat à adoucir, qui est imbibé de pierre à l'huile détrempée, avec lequel j'adoucis et efface les traits du burin; ensuite j'essuie cette lame de spirale pour la polir. Ce travail terminé, je reploye convenablement ma spirale, et la remets en place.

Ce mouvement achevé, il faut y placer les aiguilles. Vous choisirez la paire, assortie, de la grandeur convenable au cadran. Le canon de celle des heures doit être susceptible d'être ajusté à celui de la roue qui doit la porter, et l'aiguille des minutes doit être susceptible d'être ajustée au carré de chaussée. Vous commencerez à ajuster l'aiguille des heures : pour cela, vous vous munirez d'un équarrissoir, imperceptiblement en cheville;

et l'introduirez dans le canon de l'aiguille des heures, du côté du dessus de l'aiguille, avec lequel
vous arrondirez et unirez l'intérieur du canon,
jusqu'à ce que l'aiguille commence à entrer sur
celui de la roue qui doit la porter; alors vous
mettrez l'aiguille sur un arbre-lice et ensuite sur
le tour, et vous tournerez plat le dessous de sa
plaque, pour qu'elle puisse plaquer sur le cadran,
et vous tournerez ensuite son canon rondement, afin
d'en ôter les inégalités qui pourraient s'accrocher
au rebord intérieur du trou du cadran, ce qui
occasionnerait un arrêt. Cette aiguille préparée,
vous l'ajusterez, pour reconnaître si son canon
n'est pas trop long, afin de le mettre de hauteur
convénable, et ajusterez ensuite le carré de l'aiguille des minutes au carré de chaussée.

L'aiguille des minutes s'ajuste sur le carré de
la chaussée, sans le diminuer de grosseur, vu
qu'il finit toujours par s'user.

Pour accroître le carré d'une aiguille des minutes, vous vous servirez d'une petite lime carrée,
dite *à aiguille*, avec laquelle vous accroîtrez le
carré de cette pièce, jusqu'à ce qu'il soit près
d'entrer sur le bout de celui de la chaussée ; c'est
alors que vous vous servirez d'une estampe bien
carrée et de grosseur convenable, avec laquelle vous
achèverez de l'équarrir, jusqu'à ce que le carré

de chaussée la déborde de la moitié de sa longueur, et qu'elle s'y tienne serrée ; observant que
le dessous de l'aiguille des minutes soit bien dressé
plat, et soit au moins à la distance de l'épaisseur
d'une carte de celle des heures ou du bord du
canon de la roue de ce nom, afin que cette dernière puisse être toujours libre, et que passant
l'une sur l'autre, elles ayent assez de distance
pour ne pas s'accrocher entre elles ; il faut observer encore que le bout de l'aiguille des minutes ait la courbe suffisante pour que son extrémité approche le plus près possible du cadran,
sans le toucher, en raison de la concavité du
verre de la boîte, dont le bord toucherait le bout
de l'aiguille, ce qui pourrait l'arrêter. Comme les
arrêts des montres sont très-souvent occasionnés
par le mauvais ajustage des aiguilles ou des chaus-
sées trop libres sur leur tige, qui, par cette raison, tendent toujours à en sortir, c'est ce qui
donne lieu à un si fort frottement à la portée du
canon de la roue des heures, et ce qui arrête ordinairement les montres les mieux confectionnées.

Pour éviter ce défaut, il est bon de mettre sur
le bout de la tige du centre, ras le carré de chaussée, une petite goupille dans le trou qui y a dû
précédemment être percé, et dont les bouts ne
doivent pas déborder le carré de chaussée ; ce qui

empêcherait la clef de tourner les aiguilles, d'autant plus que c'est le seul instrument dont les particuliers doivent se servir pour mettre leurs montres à l'heure.

Le lecteur doit donc reconnaître que ce n'est que par de petits soins sans nombre, donnés à ces sortes d'ouvrages, qu'on parviendra à bien faire marcher les montres, et que la plus petite imprévoyance peut occasionner, si ce n'est pour le moment, du moins par la suite, un arrêt à la montre dans le meilleur état et la mieux confectionnée.

Voilà comment se termine cette machine à mesurer le temps, et à tirer des métaux bruts, par l'industrie de l'artiste qui les met en mouvement, les combine et en règle le cours.

Tel est le but que je me suis proposé; je crois être assuré que je ne me suis point écarté des vrais principes reconnus et adoptés par tous les bons horlogers. S'ils sont bien entendus par les amateurs et par les apprentis, ils contribueront à leur faciliter l'étude de l'Horlogerie, et à les préparer à d'autres connaissances mécaniques.

FIN.

✳✳✳✳✳✳✳✳✳✳✳✳✳✳✳✳✳✳✳✳✳✳✳✳✳✳✳✳✳✳✳✳✳✳✳✳

ERRATA.

PAGE 13, ligne 3, *au lieu de* au point, *lisez* à ce point.

Page 18, ligne 2, *au lieu de* ébiseoir, *lisez* ébiseloir. — Même page, ligne 23, *au lieu de* dans la pointe, *lisez* dans le point du même cuivrot.

Page 25, ligne 4, *au lieu* des fusées, *lisez* de fusée. — Même page, ligne 5, *au lieu* des potences, *lisez* de potence.

Page 28, ligne 6, après le titre, *au lieu de* plus bas que l'autre bout, *lisez* plus bas que l'autre angle.

Page 35, ligne 7, *lisez* si la pièce est en argent ou en cuivre, etc. — Même page, ligne 9, *au lieu de* si la pièce est en cuivre ou en acier, *lisez* si la pièce est en acier.

Page 47, ligne 11, *au lieu de* pour qu'elle soit plus facile à tourner, *lisez* pour que la pièce soit plus facile à tourner.

Page 64, ligne 15, *au lieu de* ou du rouge, *lisez* et du rouge.

Page 72, lig. 10, *au lieu de* sans engrenage, *lisez* son engrenage.

Page 73, ligne 6, *au lieu de* avec la pièce, *lisez* avec la pince.

Page 77, ligne 4, *au lieu de* bout du pignon, *lisez* le fond du pignon.

Page 80, ligne 17, *au lieu de* que l'on garnit, *lisez* on le garnit au bout.

Page 117, à l'avant-dernière ligne, *au lieu de* le trou forcerait trop, *lisez* le tarau forcerait trop.

Page 125, ligne 17, *au lieu de* pince à bonde, *lisez* pince à boucle.

Page 135, ligne 14, *au lieu de* sa longueur, *lisez* sa largeur.

Page 138, ligne 16, *au lieu de* avec du rouge et de la potée, *lisez* ou de la potée.

Page 140, ligne 8, *au lieu de* et au calibre, *lisez* et on calibre.

Page 141, ligne 9, *au lieu de* cet arbre, *lisez* son arbre.

Page 222, ligne 19, *au lieu de* alors vous ébaucherez, *lisez* alors vous boucherez.

Page 302, lignes 22 et 23, *au lieu d'*une canne, *lisez* d'un cône trop allongé.

Page 305, article fabrication du piton, ligne 12, *au lieu de* sa partie plate, *lisez* sa portée plate.

Page 310, dernière ligne, *au lieu de* si les bouts sont trop courts, *lisez* si les bouts de la coulisse sont trop courts.

ഇഗ൙൙ഇ൙ഇ൙ഇ൙ഇ൙ഇ൙ഇ൙ഇ൙ഇ൙ഇ൙ഇ൙ഇ൙ഇ

NOMS DES OUTILS

UTILES A L'HORLOGERIE.

———

1. Un tasseau plat, carré de trois pouces de diamètre, placé au centre d'un billot en bois, de dix-huit pouces de hauteur.

2. Un marteau à planer, à tête ronde, face plate de deux pouces de diamètre d'un côté, et à panne épaisse de l'autre bout, longue d'environ deux pouces.

3. Un étau qui se tient serré, fixé à l'établi par une forte vis de pression, s'ouvrant et se fermant par une autre vis, en tête de laquelle est une tige boulonnée des deux bouts, nommée branloire, qui sert à le serrer ou desserrer.

4. Lime carrelette rude, dite bâtarde, longue de huit pouces, large de douze lignes, épaisse de trois; on ne s'en sert que pour dégrossir et ébaucher une pièce; les neuves ne servent que pour le cuivre, tant qu'elles peuvent le couper net; ensuite elles servent à l'acier, pour lequel elles sont meilleures qu'une neuve, vu que ses dents s'y égrigneraient.

5. Limes demi-rudes, carrelettes, longues de cinq pouces, larges de huit lignes, épaisses d'une ligne et

23

demie; lesquelles servent à ébaucher les petites pièces, les dresser et les mettre d'épaisseur, lorsqu'elles sont faites ; les meilleures limes sont anglaises ou celles marquées au **T.** Les limes carrelettes douces sont de même forme et de même grandeur; mais elles ont le grain bien plus fin, et portent la même marque que ci-dessus.

6. Bois à limer, morceau de buis d'environ un pouce d'équarrissage, long de trois à quatre pouces, coupé en sifflet; il se place à l'étau, pour y supporter les pièces que l'on tient à la main, pour les limer.

7. Etau à main, dit tenaille à vis, servant à tenir la pièce que l'on peut limer sur le bois à limer, pour la former ou la dégrossir. Il y en a un plus petit à queue boulonnée, pour les petites pièces.

8. Pince à coulisse, dite tenaille à boucle, servant aussi à tenir les petites pièces que l'on veut limer.

9. Pince à couper, qui a les mâchoires tranchantes, et tranche, par le moyen de la pression, les tiges que l'on veut couper.

10. Pincette dite à goupille, grande et petite, servant à tenir et placer, par leur bec plat, les pièces que l'on veut tenir et placer.

11. Precelle ou brucelle, petite pincette dont les becs font ressort, servant à placer ou tenir et diriger les pièces.

12. Une scie pour scier le cuivre, de la grandeur nécessaire.

13. Une équerre pour niveler une pièce.

14. Un chalumeau pour chauffer et rougir les pièces susceptibles de l'être à la chandelle.

15. Un compas à pointe aiguë et à vis, se serrant et se desserrant par un écrou, pour marquer les pièces que l'on veut tracer.

16. Un compas d'épaisseur, dit *huit de chiffre*, parce qu'il en a la forme; lequel sert à faire juger de l'épaisseur d'une pièce par le vide de son extrémité opposée.

17. Un calibre à pignons, servant à en prendre la grosseur, pour les fabriquer sur cette mesure, ainsi que pour les proportions des autres pièces.

18. Petite bigorne servant de tasseau au besoin, sur laquelle on appuie la pièce que l'on veut frapper.

19. Banc dit outil à trou, servant à river ou dériver les pièces; il y en a en cuivre et en acier; tous les deux sont nécessaires.

20. Pointeau à river et à resserrer les trous; il y en a de diverses formes à l'une de leur extrémité. Les horlogers les font eux-mêmes; et ces sortes d'outils sont de petites barres d'acier trempé, longues d'environ deux pouces et demi à trois pouces. Les uns, quoique de diverses grosseurs, ont le bout plat, les autres ronds, pour resserrer les trous; les autres qui servent à river, sont à l'une de leurs extrémités, sur leur longueur, demi-ronds d'un côté et plats de l'autre, ayant le bout plat, pour rabattre les rivures lorsque l'on

frappe sur le pointeau, avec un marteau, quand le pointeau est appuyé sur les rivures à river; ou ceux pour resserrer les trous appuyés sur le trou à resserrer.

21. Les petits marteaux assortis de grosseur, à têtes rondes convexes sur leur face, et à têtes rondes et plates, *idem*, de diverses forces; ainsi qu'un marteau, dit tranchant, pour redresser les tiges trempées.

22. Filières taraudées, pourvues de leurs tarauds, depuis les plus petits trous jusqu'à ceux d'une ligne de diamètre. Celles de Lavousi sont réputées les meilleures.

23. Archets de baleine, montés de cordes à boyaux, suivant leurs forces et grandeurs; *idem*, plus petits, de diverses forces, montés en crin.

24. Assortiment de forets, dont les mèches sont rondes pour l'acier, et losanges pour le cuivre; lesquels sont montés sur l'extrémité opposée à la mèche d'un cuivrot, espèce de petite poulie; il en est de très-petits nommés forets à pivots : ce sont les horlogers qui les font pour leur utilité.

25. Equarrissoirs assortis de toutes les grosseurs, et de plus petits, dits à pivots.

26. Tour à pointes, dit tour à finir, garni de ses pointes aiguës, pointes à face plate, dans lesquelles on fait des points pour tenir les pointes de la pièce que l'on met sur le tour; pointe à cône; pointe à corne, dite à rouler; pointe sans corne, dite aussi à rouler les pivots; pointe dite à lanterne, pour arrondir le bout des pivots. Ce tour est formé de deux

poupées placées à chacune de ses extrémités, dans lesquelles s'introduisent les pointes dont on a besoin, et qui y sont maintenues serrées et fixées par une vis de pression placée sur la poupée. Ce tour a un support à son centre, qui s'introduit dans une coulisse, laquelle se fixe serrée, par une vis de pression; le support, par le moyen de cette coulisse, peut se placer sur telle partie du tour qu'on veut le fixer.

27. Arbres-lices de diverses grosseurs assorties, lesquels n'ont de qualités qu'autant qu'ils sont imperceptiblement en chevilles, qu'ils ont le corps bien rond, bien uni et bien dur, les pointes aiguës et non émoussées; ce qui leur arrive quand on néglige de mettre de l'huile aux pointes, lorsque l'on s'en sert. Ces arbres-lices sont pourvus chacun d'un cuivrot de grandeur convenable à leur force. Ce sont les horlogers qui les font pour leur utilité.

28. Arbre à rebours, garni de son cône et de son tarau.

29. Arbre centrique, dans la mâchoire duquel s'introduit le carré ou la tige d'une pièce, pour être mise ronde sur le tour.

30. Cuivrots à vis, assortis pour les tiges, *idem* pour les pignons, *idem* pour les verges.

31. Burin, petite barre d'acier qui est trempé dur, la face plate et en losange très-pointue.

32. Burin à crochet, dit échoppe, pour faire des creusures aux pièces qui en ont besoin, par le moyen du tour.

33. Jeu de fraises, plusieurs petits ciseaux assortis et de diverses formes et grosseurs, lesquels sont faits au bout de chacune de leurs tiges qui sont toutes de la même grosseur, et s'introduisent dans un étui fait exprès, lorsqu'on veut s'en servir pour faire de petites creusures ou moulures.

34. Une estrapade, petite machine utile à placer les grands ressorts dans leurs barillets.

35. Revenoirs de diverses grandeurs, que les horlogers font eux-mêmes avec des bouts de larges ressorts de montres et de minces ressorts de pendules; ils ont environ cinq pouces de long, et forment un peu la tuile creuse.

36. Un microscope pour soulager la vue.

37. Limes dites d'entrée, rudes, demi-rudes et douces, assorties.

38. Limes dites à barrettes, *idem.*

39. Limes dites à arrondir, *idem.*

40. Limes dites à fendre, *idem.*

41. Limes dites feuilles de sauge, *idem.*

42. Limes à roues de rencontre.

43. Limes à pivots.

44. Limes carrées pour les aiguilles.

45. Limes queue de rat, assorties de diverses grosseurs.

46. Limes dites à efflanquer les pignons, assorties de diverses épaisseurs, et propres aux diverses formes de pignons.

47. Limes dites à égaliser, assorties de diverses épaisseurs, pour les dentures des roues.

48. Brunissoirs à pivots.

49. Limes dites à lardons.

5o. Tourne-vis.

51. Ébiseloirs, espèces de forets à main, sans cuivrots.

52. Maître à danser, pour confronter et prendre les hauteurs internes.

53. Chasse-goutte, petit canon d'acier où de cuivre pour cet usage.

54. Noisette pour river les verges à leurs balanciers.

55. Outil à planter, pourvu de ses viroles de diverses grandeurs. Cet outil ne sert que pour marquer droit la place du trou d'un pivot, afin que le mobile qui le porte se trouve placé droit en cage ; ce qui est de rigueur.

56. Compas d'engrenage, lequel ne sert que pour fixer juste la place où le trou d'un pivot doit être placé pour être juste à son engrenage.

57. Canif pour arracher les goupilles de cadrans, bûcher les chevilles et soulever les aiguilles.

58. Alidade, pour faire reconnaître si les roues sont rondes et droites, ainsi que les balanciers.

59. Un poussoir pour pousser les goupilles de charnières de boîtes.

6o. Pierre à l'huile, dite du Levant, pour affûter

les outils ; on s'en sert aussi en poudre détrempée
d'huile, pour adoucir l'acier.

61. Pierre de ponce, *idem* pour adoucir le cuivre.

62. Pierre à eau, pour adoucir le cuivre.

63. Rouge d'Angleterre, ou potée d'étain pour polir
l'acier ; il y a aussi du rouge pour polir l'or, l'argent
et le cuivre ; on se sert aussi pour ce dernier, de terre
pourrie ou de tripoli.

64. Fers à adoucir et à polir, assortis pour cet usage.

65. Limes de fer pour adoucir les plaques et pour
les polir.

66. Pinces à boucles, pour les vis et pour les aiguilles.

Tels sont les outils avec lesquels un horloger peut
travailler, vu que les autres machines, telles que celles
à fendre les dentures et celles à tailler les fusées,
ne sont pas d'une extrême nécessité, en raison de
leur énorme prix. Un horloger aurait plus d'avantage
à donner une rétribution à un de ses confrères qui
se chargerait de ce travail, lequel, par l'habitude qu'il
contracterait de faire ces machines, y parviendrait
beaucoup mieux que ceux qui ne le feraient que rarement.

Définition des termes dont se servent les Horlogers.

A.

Accéléré se dit d'un mouvement qui prend de la vitesse par lui-même.

Agent ou moteur, puissance qui fait agir un corps.

Aile signifie un lévier ou la dent d'un pignon.

Arbre, tige ou axe, pièce qui se meut sur elle-même.

Assiette se dit d'une base qui reçoit une roue ou une autre pièce, pour y être tenue fixée.

Arcs se dit des vibrations du balancier.

B.

Balancier se dit du régulateur d'une montre ou d'une horloge, dont un balancier long est le pendule.

Faire tirer ce balancier se dit pour placer une montre d'échappement.

Barrettes. Ce sont les branches de la croisure d'un balancier ou d'une roue, ou des plaques qui supportent les pivots.

Barillet. Petite boîte mobile, nommée tambour, dans laquelle est renfermé le grand ressort.

Bouchon centrique ou excentrique, petite pièce qui se rapporte aux trous des pivots, pour les renouveler.

Braser. Souder une pièce.

C.

Cadrature se dit des pièces qui se trouvent sous le cadran.

Cage. La cage d'une montre se compose des platines montées sur ses piliers.

Calibre ou plan est le modèle de la grandeur que l'on doit observer pour faire un rouage et sa cage.

Camus, pointes courtes.

Centre d'oscillation ou de balancement de percussion; choc d'un corps qui frappe sur un autre.

Centrifuge. On appelle ainsi la force avec laquelle un corps qui tourne, cherche à s'éloigner de son centre.

Champ est le dessus du bord d'une roue.

Chanfrein. Rivure.

Concentrique, qui a le même centre.

Condensation, qui veut dire diminution de volume d'un corps par le froid.

Croisée. Ouverture pratiquée dans les roues.

Cylindrique. Pièce ronde, de juste et égale grosseur dans toute sa longueur.

D.

Denture ou lévier. Bras qui servent à donner du mouvement à un corps.

Dessus ou dessous d'une platine ou d'une autre pièce.

Diviser. Donner le nombre que l'on veut à une pièce.

Drageoir. Rainure faite à la lunette d'une boîte de montre, pour tenir le verre, ou à un barillet, pour tenir le couvercle.

Dresser. Mettre une pièce droite ou plate.

E.

Echappement. L'art de placer une roue d'échappement avec la pièce d'échappement, pour en obtenir de bonnes vibrations régulières, sans accrochemens ni renversemens; ou mettre une montre d'échappement, c'est-à-dire que le balancier ne tire pas plus d'un côté que de l'autre.

Écrou. Pièce ordinairement carrée, percée et taraudée.

Écrouir. Planer également le cuivre, en le diminuant d'épaisseur, afin de le durcir.

Efflanquer. Diminuer d'épaisseur les dents ou ailes d'un pignon, les rendre plus maigres et plus égales.

Effleurer. Près ou ras en dessus ou au bord, sans le déborder.

Élasticité. Mobilité du corps d'un ressort.

Encliquetage. L'action du cliquet mû par son rochet et son ressort.

Engrenage. L'action de la denture d'une roue sur le pignon dans laquelle elle engrène.

Ébiselure. Évasement fait à un trou de pivot, pour y placer l'huile.

Ébiseloir. Outil à faire les ébiselures.

Excentrique, qui n'a pas même centre de mouvement.

F.

Force motrice. L'action du moteur sur le régulateur.

Fraise. Lime circulaire pour fendre les roues.

Fraise. (Jeu de) Outil, espèce de petits ciseaux

cylindriques de diverses formes, ayant le corps de même grosseur, pour entrer dans le même étui qui les dirige par l'action d'un archet.

Frottement. Le toucher inconvenable d'une pièce sur une autre.

G.

Goupille. Petite cheville un peu plus menue d'un bout que de l'autre.

Goutte de suif. Forme que l'on donne en dessus, à la tête d'une vis ou d'une autre pièce qui en a besoin, pour utilité ou pour grâce.

H.

Horisontal. Placé de niveau.

Horloge. Machine faite pour mesurer le temps.

Heure. Vingt-quatrième partie du jour.

Horlogerie. L'art de faire des horloges.

Huile. Son action sur un mouvement.

I.

Inégalité. Manque de proportion dans les grosseurs ou dans les formes des pièces pareilles.

Isochrone. Oscillations d'un balancier.

J.

Jeu. Distance d'une portée d'un axe à la platine qui le couvre.

Jours. Intervalles entre deux pièces qui ne doivent pas se toucher.

L.

Lardon. Pièce à coulisse dans une potence de montre, pour porter le trou où se loge le pivot de la roue de rencontre du côté de la même roue.

Levée. L'action de la roue de rencontre sur la palette de la verge du balancier.

Lévier. Branche ou corps qui en fait mouvoir un autre.

M.

Midi. Milieu du jour.

Minute. Soixantième partie d'une heure.

Minutterie. Rouage de cadrature placé sous le cadran.

Montre. Horloge portative.

Moteur. Qui communique le mouvement.

N.

Nombre se dit de la denture d'une roue ou d'un pignon.

O.

Oscillations. Mouvemens d'un balancier.

Outil se dit en général des divers instrumens et machines dont se servent les horlogers.

P.

Palette. Petit lévier porté par l'axe du balancier.

Parallèle. Deux lignes également distantes entr'elles.

Pesanteur. Mettre un balancier de poids convenable au moteur.

Pied ou tenon. Ce qui sert à faire tenir une pièce en place.

Pignon. Petite roue ou axe dentelé.

Pilier. Petite colonne qui sert à assembler deux plaques, pour en former une cage.

Piton ou plot. Petite pièce qui tient le bout excentrique de la spirale.

Pivot. Bout des axes mobiles, plus petit que le corps.

Planer. Battre le cuivre, pour le durcir et le diminuer d'épaisseur.

Platine. Plaque qui sert à monter une cage.

Pointe. Bout d'un axe ou le bout des dents des roues.

Pont. Barrette qui supporte un mobile.

Portée. Largeur au bout d'un axe où tient le pivot.

Pyromètre. Machine pour mesurer les dilatations et contractions des métaux.

Pression se dit de deux corps serrés l'un contre l'autre.

R.

Recuire. Faire chauffer une pièce pour la travailler de nouveau.

Régler. Rendre une montre régulière.

Régulateur. Balancier d'une montre ou pendule d'une horloge.

Remontoir. Carré de la fusée par où se monte une montre.

Renversement se dit des palettes d'une verge de balancier, dans lesquelles la roue de rencontre ne peut plus engrener, en raison de ce que la verge est plus retournée qu'elle ne doit l'être.

Repaire. Point que l'on fait à deux pièces, pour reconnaître leurs assemblages.

Réservoirs. Ebiselures faites pour recevoir l'huile des pivots.

Ressort se dit en général de tout corps qui, cédant à un effort, restitue la force employée à le faire fléchir : on dit qu'un ressort se rend, quand il perd sa force.

River. Rabattre la matière d'une pièce sur une autre, pour les fixer ensemble.

Rochet. Petite roue plate, dentelée comme la roue de rencontre, mais bien plus courte.

Rosette. Cadran d'avance et de retard.

Rouler. Cela se dit de la fabrication d'un pivot, qui, après avoir été diminué au burin, sur le tour, se termine sur cet outil, par le moyen d'une lime et d'un brunissoir.

Rouage. Assemblage de plusieurs roues accordées par leur engrenage.

Roue dentée. Assemblage de petits léviers pour faire mouvoir alternativement le même corps.

S.

Seconde. La soixantième partie d'une minute.

Spirale. Petit ressort ployé en limaçon, dit spiral, faisant plusieurs tours de circonférence, plus grands les uns que les autres, par degrés.

T.

Tirer. Faire tirer le balancier : manière de reconnaître si la montre est d'échappement.

Trempe. Opération par laquelle on fait acquérir à

l'acier le degré de dureté qui lui est nécessaire pour
le travail de la pièce dont sa fonction particulière a
besoin.

Trous foncés sont des trous qui ne traversent pas
leurs pièces, mais qui sont d'un très-mauvais usage
en Horlogerie.

V.

Vibration. L'action d'un balancier mû par une cause
quelconque.

Vis de rappel. Vis qui sert à écarter ou rapprocher
une pièce l'une de l'autre.

Vis sans fin, qui tourne toujours sans pression.

Virole. Petit canon réuni aux manches de nos petites limes.

Tels sont les termes particuliers à cet art, et dont
se servent tous les horlogers; et ce sont là tous ceux
qui sont parvenus à ma connaissance, et desquels je
me souviens pour le présent.

TABLE DES TITRES.

———

FIN DE LA TABLE DES TITRES.

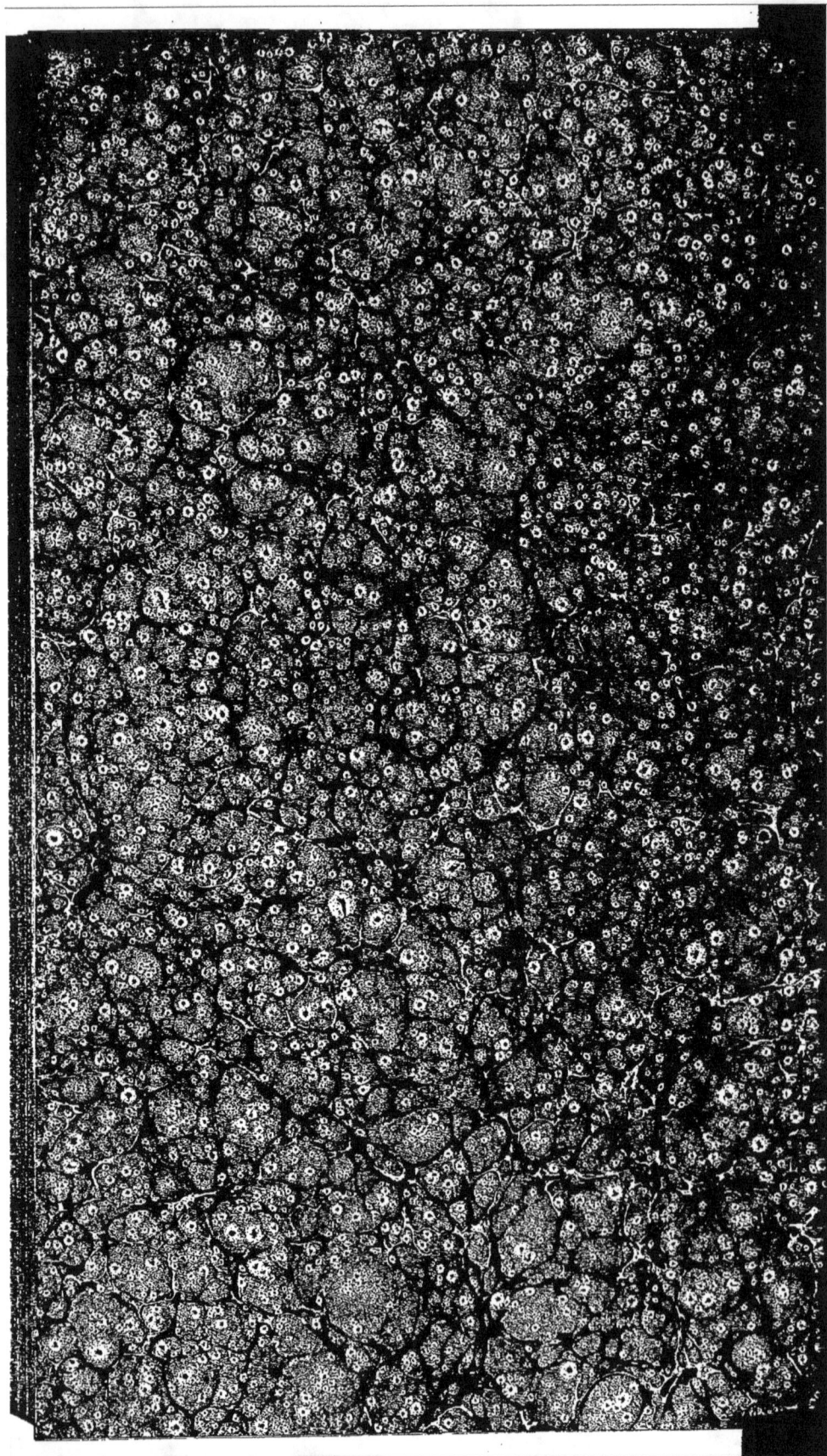

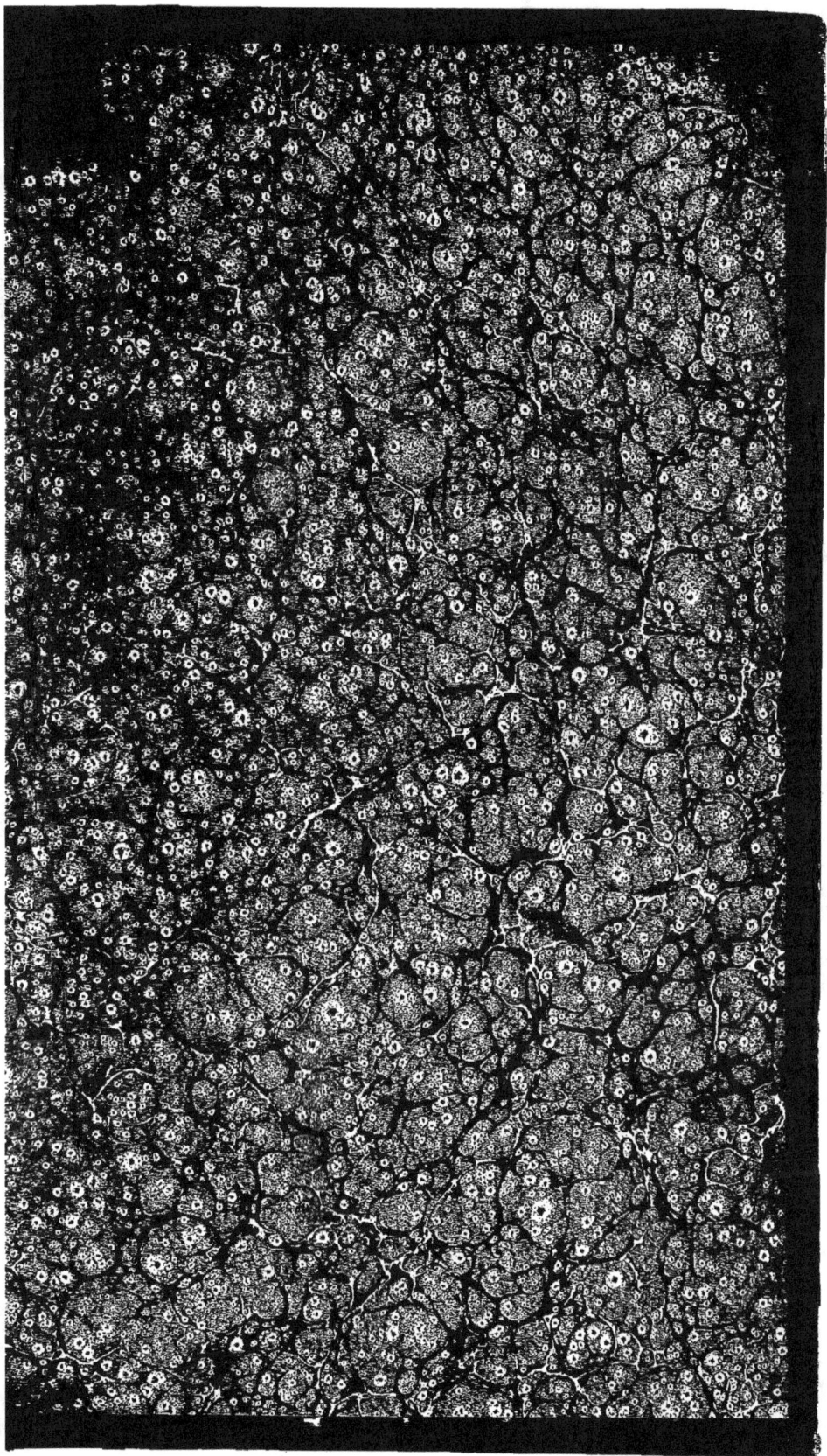